Ancient Architecture
고대 건축

KOMPEKI NO KIKAGAKU
by KIJIMA Yasufumi
Copyright ⓒ 1988 by KIJIMA Yasufumi
All right reserved.
Korean translation rights ⓒ 2005 Renaissance Publishing Co.
Original Japanese edition published by Maruzen Co., Ltd.
Korean translation rights arranged with Maruzen Co., Ltd.
through Bestun Korea Agency.

이 책의 한국어판 저작권은 베스툰 코리아 에이전시를 통해
일본 저작권자와 독점 계약한 르네상스에 있습니다.
저작권법에 의하여 한국 내에서 보호를 받는 저작물이므로
무단 전재나 복제, 광전자 매체 수록 등을 금합니다.

이 도서의 국립중앙도서관 출판시도서목록(CIP)은
e-CIP 홈페이지(http://www.nl.go.kr/cip.php)에서 이용하실 수 있습니다.
(CIP제어번호: CIP2005001464)

세계건축산책 6

Ancient Architecture
고대 건축

― 동지중해의 고대 도시 속으로 ―

기지마 야스후미 지음 | 강영기 옮김 | 우영선 감수

르네상스

일러두기

1. 외래어 표기는 한글맞춤법 외래어표기법을 따랐으며, 브리태니커 백과사전을 참고하였다.
2. 생소한 인명, 지명이 나올 때는 처음 한 번만 원어를 병기하였다.
3. 인명 옆에 표기된 연도는 생몰년, 건물명 옆에 표기된 연도는 설계 연도다.
4. 지은이의 주는 본문에서 괄호에 넣어 처리하였다.
5. 옮긴이의 주는 * 표시와 함께 해당 지면 아래쪽에 각주를 달았다.

Ancient Architecture | 차례

머리말　6

1. 고전 문화의 주변부　11

2. 모이는 장소 – 그리스·로마 극장　35

3. 연결하는 장소 – 열주가로, 포럼　77

4. 장소를 빛내는 요소 – 기둥과 문　99

5. 죽은 자를 기리는 장소 – 무덤　117

해설　130

연표　142

참고문헌　150

머리말

　지금은 정겨운 옛 풍경의 하나가 되어 버렸지만, 예전부터 우리 주변에는 서양식 건축물이 많이 있었다. 이러한 서양식 건물들의 영향을 받아 우리는 시공간적으로 멀리 있고 서구 문명의 근간을 이루는 고대 그리스와 고대 로마의 건축을 상상한다. 그리고 건축의 역사가 면면히 이어지고 있다는 통찰에 이르게 된다. 유럽 사람들은 과거 십자군운동 시 예수 그리스도가 탄생한 예루살렘 성지를 실제 탈환 목표로 삼았다. 또한 그리스 신화를 믿고 트로이를 향해 떠난 슐리만처럼, 그리스를 자신들의 문화적 선조로 삼고 그 고전 문화를 흠모하고 숭배해 왔다.

　일본에서는 메이지유신 후 서구문화를 받아들이는 데 급급하였고 단적인 현상으로 서양식 건축물의 건설이 매우 성행하였다. 지금은 많은 사람들이 유럽의 거리와 건축을 직접 밟아보면서 꿈에 그리던 낭만적인 분위기를 만끽한다.

　이탈리아의 수도 로마는 '영원의 도시'로, '모든 길은 로마로 통한다'는 말

로 알려져 있다. 사실 많은 고전·고대의 건축 유산들을 비롯하여 수백 년이 넘는 건축물들이 처마를 맞대고 이어져 있으며, 많은 그리스·로마 미술품들이 미술관을 장식하고 있다. 그러나 로마 시대의 건축물은 이탈리아뿐만이 아니라 그리스의 동쪽, 터키를 비롯하여 시리아와 요르단 지역에도 많이 남아 있다. 그리스의 고전·고대 건축물 역시 본토 아테네와 델피는 물론이고 소아시아 지역에도 남아 있다. 그래서 '고대 건축을 향한 열정'이라고 말할 수 있을지 모르겠으나, 지중해 동쪽 나라들의 건축물들을 찾아가 보았다. 그리스와 로마 건축의 진수는 신전 건축으로 대표되며 그 시대의 정신적 문화를 표상하지만, 이 책에서는 오히려 일반 건물―현대적 의미의 공공건물―을 통하여 당시 도시 생활의 모습을 살펴보려 한다.

  그리스와 로마의 시민들은 풍요로운 건축물들에 둘러싸여 즐거운 생활을 영위했다. 신전에만 국한된 것이 아니라, 우물이나 연못과 같은 생활의 기본적인 것에서부터 목욕탕과 극장, 체육관과 도서관 등 현대의 우리들이 도시

에서 빼놓을 수 없다고 생각하는 거의 모든 종류의 건물들이 지금으로부터 이천 년 전의 도시에 정비되어 있었다. 더욱이 이 시설들은 넓은 지역에 걸쳐서 현재 우리들이 보기에도 통일된 양식의 건축 문화를 이룩해 내고 있다.

　남아 있는 건축물을 통하여 당시의 형태를 상상하는 것은 현대 건물의 설계에 뒤지지 않을 정도로 상상력을 요하는 작업이다. 각지의 풀밭에 뒹구는 건축 부재의 파편에 꽃잎과 상상의 동물 등이 조각되어 있으며, 그러한 단편들에서 봄이 다시 찾아온 것을 기뻐하며 콧노래를 부르며 돌을 조각했을 당시 사람들의 한가로운 표정이 떠오른다.

　그리스의 건축 양식으로 알려져 있는 도릭, 이오닉, 코린트의 세 양식도 다양하게 변형되고 조합되어 각 지역의 독자적인 형태를 만들어 내었다. 물론 경우에 따라서는 형식적인 패턴에 자신들만의 생생한 묘사를 한 것도 있다. 그러한 단편과 전체상을 찾아보았다.

　유적의 대부분은 어떤 형태로든 파괴되어 있다. 파손된 모양으로부터 우

　리들은 자유로운 발상을 하게 된다. 또 한편으로는 완공된 상태에서는 볼 수가 없는 골조를 유적을 통해 알 수 있다. 외관을 보고 간단하게 상상했던 것이 훨씬 복잡한 조합을 이루는 모습을 보고 어리둥절해 하는 경우도 많을 것이다. 또한 다각도의 면밀한 조사를 통하여 그러한 것들이 모여 아름다운 건축의 결정체를 이루고 있다는 점도 알게 될 것이다. 그래서 건설의 순서를 알지 못하는 사람도 처음에는 불가사의하지만 그 본질을 알게 됨으로써 감탄하는 경우가 상당히 많다는 것을 말하지 않을 수 없다.

　무거운 돌을 보기 좋게 쌓아올려 가는 그 집념, 즉 단단한 돌을 마치 설탕과자처럼 세공해 가는 작은 기쁨도 있다. 그 작업에는 세심한 주의와 정교한 지혜가 가득 담겨 있다. 그렇기는 하지만 역시 사람 마음의 움직임에 따라 돌의 표면도 변모하는 듯하다. 어떤 때는 솔직한 직선이 좋아지고, 어떤 때는 우아한 곡선이 좋아진다. 더욱이 아주 화려하고 복잡한 조합으로부터 정교하고 치밀한 지적 유희라고 부를 만한 것으로 발전해 나간다. 그러한 변화는

주두에서 단적으로 나타나는 양상이지만 주두가 홀로 독립되어 있지 않기 때문에 기둥 홈의 깊이와 비례에 영향을 주고 더 나아가 기둥의 주두를 연결하는 아키트레이브*로 승화되어 간다.

하얀 대리석의 표면은 이천 년 이상을 지중해의 태양 아래서 햇볕을 받으며 그 색깔과 광택을 다소 잃어버렸지만 우리들이 그곳을 방문하면 약간 수줍어하며 홍조를 띠는 듯하다고 말하면 과장일까? 한여름 정오의 세계뿐만 아니라 봄 또는 차가운 비가 내리는 계절 등 사계절의 생생한 건축 표정을 전하고자 한다.

---

* Architrave. 엔타블러처를 기본적으로 3등분하였을 때 가장 아래 부분, 내지는 넓은 뜻으로 문이나 창 주위의 몰딩을 뜻한다.

Ancient
Architecture

1

고전 문화의 주변부

아테네

지중해 세계라는 말로 통칭되지만 시칠리아를 경계로 한 동지중해와 서지중해의 모습은 전혀 다르게 보인다. 고대의 그리스·로마를 생각나게 하는 곳은 동지중해이고, 그 화려한 무대로 묘사되는 곳은 에게 해 일대의 해상일 것이다. 서지중해의 경우는 로마와 카르타고의 대립 관계가 먼저 연상되지만 그 이상으로 이탈리아·프랑스·스페인으로 이어지는 라틴 문화권이 머릿속에 떠오른다.

내가 이 글에서 소개하려는 곳은 동지중해 세계이며, 해상이 아닌 육상의 건축과 도시를 통하여 본 모습이다. 그러나 그 모습은 이천 년 이상 지난 옛 도시 문화이기에 화려했던 옛 모습이 완전하게 남아 있는 장소는 없다. 동지중해 연안은 대부분이 이슬람교 나라들이 차지하고 있다. 고대 문화의 구체적인 모습은 세상에 잘 알려지지 않은 유적을 찾아가서야 처음으로 접할 수 있다. 다행히도 고대 건축의 대부분은 돌로 만들어졌기 때문에 단편이기는 하지만 그 각각의 모습을 풀과 돌 틈에서 발견할 수 있다.

그리스의 수도 아테네를 방문한 사람들은 이 도시에 그동안 살았던 사람들보다 아마도 더 많을 것이다. 아테네는 유럽 사람들은 물론이고 우리에게도 마치 문화를 장식하는 화관과 같은 의미를 지니고 있다. 현대의 도시 공해는 그리스 땅에도 미쳐서 새색시 같이 아름답던 파르테논 신전은 많이 손상되었지만 에렉테움, 에게의 신전, 그리고 입구의 프로필라이아가 빛나는 아크로폴리스는 그리스 문화가 말하고자 하는 바를 충분히 전해 준다.

눈을 돌리면 고대 그리스 세계는 펠로폰네소스 반도의 여러 도시뿐만이 아니라 마케도니아에도, 건너편의 소아시아에도 전파되어 있었다. 터키 연안에는 일찍이 번영했던 고대 도시가 여럿 남아 있으며 남부 연안에도 유적이 많다. 더욱 영역을 확장해 가보면 로마의 영향권에 있던 시리아 일대에도

아테네의 아크로폴리스 모형

많은 도시 유적이 남아 있음을 알 수 있다. 이 길은 알렉산더 대왕이 동진했던 방향이기노 하다. 그리고 시대가 흘러서 고전의 물결이 밀려올 무렵, 이슬람 문화가 꽃피었기 때문에 초기에는 고대 문화의 사생아인 비잔틴 문화가 구석구석에서 번성했으며 이슬람 문화의 영향을 강하게 남겼다는 것을 알 수 있는 곳이기도 하다. 알렉산더가 나아간 방향은 일찍이 반대 방향의 흐름을 일으킨 실크로드였기에 동서 문화의 융합이 긴밀한 상호교류에 의해 심화되었다.

아테네와 이스탄불 등 대표적인 도시를 처음으로 내가 방문한 것은 이미 오래된 옛일이지만, 이곳 동지중해 일대를 모두 보게 된 것은 지금으로부터 약 17년 전의 일이다. 터키의 앙카라를 기지로 해서 기원전 600년부터 서기 400년까지 약 천 년의 도시와 건축 유적을 여름부터 겨울까지 둘러보았다.

알렉산더 대왕 = 알렉산드로스 3세(기원전356~323년), 전례 없는 세계제국을 건설한 마케도니아의 왕. 그리스와 오리엔트를 포함한 제국을 통일 지배하고 두 지역의 문화·민족의 융합을 위해 노력하여 헬레니즘 시대를 여는 세계사적 역할을 하였다.

에페소스 목욕탕의 소, 꽃그물 장식

유적의 꽃 파르테논 신전

여름에는 새하얀 태양이 작열하고 대지는 바싹 말라버려서 신록이 오그라든 것처럼 보이는 세계, 그 속에서 햇볕에 그을려 깨진 석재는 인간의 손을 통해 만들어진 사실을 잊어버린 듯 생명감 없는 표정을 보인다. 기하학적으로 구성되어 있지만, 그 속에는 희미하게나마 순수한 생명이 깃들어 있다.

일찍이 파란 에메랄드빛의 하늘에 그 청초한 모습을 새기고 있었을 꽃묶음 장식과 주두가 지금은 풀밭의 그늘에 뒹굴고 있다. 이가 빠지고 이끼의 흔적이 남아 있는 것도 많다. 한여름의 태양에 달구어진 돌은 해질녘의 시원한 미풍에 마치 살아 있는 생물처럼 온기를 발산한다. 한낮에 보았던 빛과 그림자의 강렬한 대조 속에서 느꼈던 무표정한 존재는 해질녘이 되면 마치 밤중에 나타나는 요괴들처럼 무언가 괴이하게 꿈틀거리며 생명감을 자아낸다.

나는 유적이 좋다. 완전한 모습이 아닌 폐허 상태의 유적이 특히 좋다. 이 빠진 돌계단을 보고 있으면 아픔을 느끼게 되지만 그래도 나의 상상력을 자극하는 건축 유적에 이끌린다. 지붕이 없는 신전으로부터 우리들은 수십, 수백 번 상상의 나래를 펼쳤을 것이다. 아마도 우리들이 파르테논 신전에 끊임없는 그리움을 보내는 이유도 바로 중앙부의 지붕이 없어진 때문일지도 모른다.

하지만 인간의 마음은 간사해서 완전히 파손된 유적에서는 부족하다고 생각한다. 신전이라면 주두가 장식으로 조각되어 서 있기를 바란다. 적어도 한두 개라도 대리석의 기둥이 기단 위에 서 있다면 그것만으로 우리들의 마음이 풍요로워진다.

오늘날에는 사람이 전혀 살지 않는 곳에 잊혀진 듯 남아 있는 유적도 있지만 현대 생활과 고대의 건축 유적이 공존하고 있는 장소도 있다. 땅 속에 묻혀 있는 유적 위에서 유적의 존재도 알지 못한 채 생활해 나가는 경우도 있지

파르테논 신전, 정면 위에서

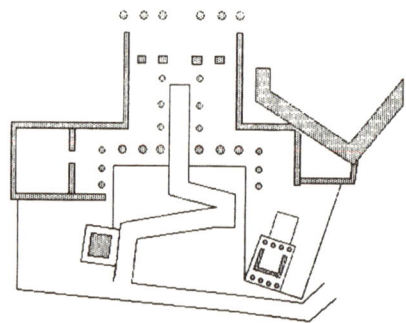

아테네 아크로폴리스, 프로필라이아, 니케 신전 배치도

에페소스 극장. 현재의 에페소스는 기원전 290년경 새롭게 건설된 것으로 성벽은 9km에 달한다. 히포다무스의 흐름과 직교하는 가로 구성이 있었다고 한다. 극장은 높은 언덕을 배경으로 항구를 향하여 건설되었고, 좌측으로 보이는 것은 상업용 아고라로 우측의 대로가 항구로 통한다. 클라우디우스에서 시작하여 트라야누스 시대에 완성. 24,000명을 수용한다. 22열의 객석이 3단으로 되어 있다. 극장 앞에 체육관이 있었으나 극장의 위치는 그리스 이전의 모습이다.

만, 남아 있는 벽과 기둥이 너무도 잘 사용되고 있는 예도 발견된다.

  그 옛날의 대도시도 항구로 메워져 그 존재 이유가 없어져 버린 예도 많다. 터키 서해안의 에페소스 등이 그 대표적인 예일 것이다. 웅장하고 화려했던 도시의 건축은 도둑맞은 듯이 돌로 쌓은 극장 벽의 금속이 뽑혀서 마마자국처럼 남아 있다. 그래도 도시의 등뼈라 할 수 있는 열주가로가 지금은 멀어져 버린 바다를 향해 손으로 가리키듯이 직선으로 뻗어 있다. 마찬가지로 프리에네와 밀레투스는 바다를 사이에 두고 마주보고 있었지만 예전에 해저평원이었을 곳이 지금은 밭이 되어 펼쳐져 있다. 언덕에 끌어올려진 배처럼 두 도시의 건축 유적은 꼼짝하지 못하고 서 있다.

  우선 이와 같은 다양한 면을 보여 주는 도시를 개략적으로 살펴보자. 지도 위에 그려 보면 그리스 본토를 제외하고 역시 이스탄불에서 시작하는 것이 가장 이해하기 쉬울 것이다.

이스탄불

이스탄불, 이즈니크, 트로이, 네안드리아, 아소스

이스탄불은 유럽과 아시아의 가교로 알려져 있지만, 이스탄불에서 아시아 쪽을 바라보아도 보스포루스Bosporus 해협의 폭이 상당히 넓어서 그다지 정확히는 파악되지 않는다. 아시아로 건너가서 위스퀴다르Üsküdar에서 뒤돌아보면 이슬람교 사원의 미나레트*가 강한 인상으로 남을 뿐이다. 지금의 이스탄불은 유럽의 동쪽 끝에 위치하면서도 그 시가지의 번화함은 완전히 아시아적이며, 고전·고대의 격조 높은 건축과 도시의 모습은 남아 있는 소수의 대형 건축물에서 엿볼 수 있을 뿐이다. 그중에서 하기아 소피아(Hagia sophia, 성 소피아 사원이라고도 함)는 특별한 의미를 지니고 있으며 실제로 내부에 들어가면 천 년 이상의 시간을 거슬러가 우리들에게 동로마제국의 장

---

* Minaret. 이슬람교의 예배당인 모스크(마스지드)의 일부를 이루는 첨탑.

이스탄불, 성 소피아 사원 내부

엄함을 생생하게 전해 준다.

조금 침착하게 살펴보면 블루모스크(술탄아흐메트 사원, Sultan Ahmet Cami) 앞의 광장이 예전에 키르쿠스*였다는 점을 알 수 있을 것이고, 그 부근의 지하저수조(예레바탄 사라이, Yerebatan Saray)는 지금도 지하에 물이 가득 채워져 있다. 전등에 비춰진 고대의 주두가 수면에서 흔들리는 모습을 보며 고대와 현대의 시간 차이를 전혀 느낄 수 없다고 해도 과언은 아니다.

이스탄불을 떠나 마루마라 해marmara sea의 동쪽 해안을 나서면 이즈니크Iznik에 이른다. 이즈니크는 니케아의 종교회의가 열렸던 장소로 도시의 성벽과 성문이 남아 있어 고대의 모습을 전해 준다. 마루마라 해가 에게 해와 연결되는 곳에 트로이Troy가 있다. 트로이에 대해서는 새삼 말할 필요도 없겠지만 겹겹이 쌓여 있는 건축 유적보다도 굴곡진 하얀 성벽이 더 인상적이다. 미묘한 각도로 비스듬히 줄지어 가며 다각형 돌들이 성벽 표면에 매끄럽게 쌓여 있다. 치열했던 전쟁의 함성소리는 이제 한낮의 유적에서 더 이상 들려오지 않는다.

페르가몬, 라리사, 이즈미르, 테오스, 에페소스

아테네로부터 직선거리로 약 300km 떨어진 에게 해의 동쪽 끝에 소아시아의 서해안이 남북으로 펼쳐지고, 그곳에 수많은 도시 유적이 남아 있다. 트로이 바로 옆 네안드리아Neandria의 급격한 경사면에 시가지가 조성된 아소스Assos가 있다. 아소스의 성문은 크고 시내에 들어가면 좌측에 아크로폴리스가 우뚝 솟아 있다. 시가지에서 바라다보이는 바다는 그을린 은**으로 만들

---

* Circus. 로마 시대의 전차경기장으로 라틴 발음으로는 '치루쿠스'가 된다. 이탈리아어로 바뀔 때는 '치루코 circo', 영어권으로 유입되면 '서커스circus'가 된다.
** 유황 연기로 표면을 그을린 은.

페르가몬, 아스클레피우스에서 보이는 아크로폴리스의 원경

어진 갑옷처럼 희미하게 빛난다. 그리고 남쪽으로 더 내려가면 유명한 페르기몬이 있다.

고대 세계의 거대도시 중 하나로 꼽히는 이 도시는 화려한 문화와 함께 거대하고 웅장한 도시 건설로도 잘 알려져 있다. 400m가 넘는 고지대에 신전을 시작으로 극장, 체육관 등이 차례로 포개지듯 건설되어 도시 상부를 형성한다. 그곳에서 보는 아래 도시의 전경도 인공적인 한계를 초월했다고 여겨질 정도의 스케일이다. 인공지반을 강에 걸쳐 놓아 건설한 시가지, 대규모 시장과 그 지하에 터널을 뚫어 만든 병을 고치기 위한 아스클레피우스 신역神域 등은 현대의 도시를 능가하는 구성을 보인다.

많은 건축물이 초석만 남아 있다. 하지만 입체적으로 구성된 모습은 현대의 고층빌딩을 능가하는 것도 있으며, 만약 건축물 하나하나가 그 전모를 보여 준다면 휘황찬란한 아름다움에 눈이 멀고 놀라움에 심장이 멎을 것이 틀

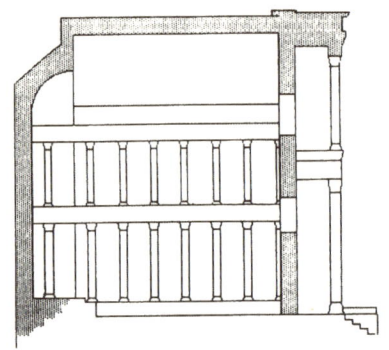

에페소스 도서관, 단면도·입면도

림없다. 남겨진 단편은 동베를린에 장식되어 있다.

   해안을 따라 도시를 찾아가면 라리사Larissa, 이즈미르Izmir, 테오스Teos 와 줄지어 이어지는 대도시 에페소스Ephesos와 만난다. 이 근방에 프리에네 Priene, 밀레투스Miletus라 불리던 유명한 도시가 있었으며 거대 신전으로 유명한 디디마Didyma도 아주 가까이에 있다.

   내륙으로 눈을 돌리면 마찬가지로 거대한 신전이 남아 있는 사르디스 Sardis가 있다. 지나치게 그 규모가 큰 나머지 완성되지 않은 채 시대가 바뀌어 버렸다. 고대의 여러 신들을 대신하여 새로운 시대에는 예수 그리스도를 믿게 되었기 때문이지만, 직경이 2m 이상인 원주를 만지고 있노라면 신을 숭상한다는 것이 물질을 통하여 비로소 실감될 수 있다는 생각이 든다. 신을 대상으로 하면서 인간의 약동하는 생명력을 최대한 고정화한 행위가 거대 건축물로 승화된 것이다.

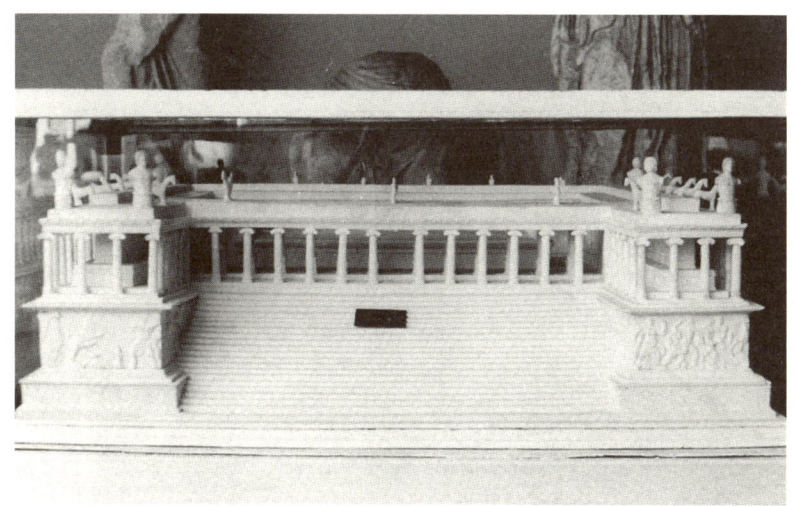

페르가몬, 제우스의 제단 모형

내륙에는 또한 니사Nysa, 파묵칼레Pamukkale, 아프로디시아스Aphrodisias가 있다. 아프로디시아스는 그 이름에서 알 수 있듯이 아프로디테에서 유래한 명칭으로 극장과 스타디온Stadion이 비교적 양호한 상태로 남아 있으며, 특히 오데온Odeon은 훌륭하게 복원되어 있다. 여름의 뜨거운 태양 아래에서 반짝이는 흰 대리석의 원형 단상은 그 자체만으로도 사람들이 모이는 중심점을 알게 해준다. 스타디온은 주위에 흙이 퇴적된 까닭인지 거대한 웅덩이처럼 메워져 버렸다. 거대도시라고는 하지만 도대체 이처럼 터무니없이 거대한 공간을 다 채울 수 있는 사람들이 과연 그 옛날 이 주변에 살았었을까?

프리에네, 밀레투스

프리에네와 밀레투스는 일찍이 바다를 사이에 둔 도시들이었다. 그러나 하천이 토사를 퇴적시키고 대지가 융기되면서 지금은 완전히 평평한 밭이 두 도시 사이에 펼쳐져 있다.

원래 두 도시는 항구도시였으며, 모국인 그리스 본토와 교류를 맺으며 번성하였다.

프리에네는 우뚝 솟은 바위산을 배경으로 높은 언덕의 경사면에 격자모양의 가로로 정비된 도시였다. 동서 방향이 약간 길고 안장처럼 중앙이 솟아오른 모양이며 남북 방향으로는 돌계단도 있는 짧은 가로가 남쪽으로 뻗어 있다. 아마도 항구에 들어오는 배에서는 이 입체적으로 구성된 시가지의 경관이 틀림없이 궁전처럼 보였을 것이다. 바다 근처에는 체육시설이, 상부의 고지대에는 극장과 신전이 세워져 있었다.

프리에네의 극장은 그리스 시대의 특징을 유지하고 있어서, 객석에 비해 무대가 작고 신전의 열주가 무대 배경으로 서 있었으며 맞은편으로는 바다가 펼쳐져 보였다.

밀레투스에서는 극장을 제외하면 눈에 띄는 건축 유적은 얼마 남아 있지 않다. 이 도시는 격자 모양의 도시계획을 처음 착안하여 제시한 사람으로 유명한 히포다무스Hippodamus가 태어난 곳이다. 유감스럽게도 조금 높은 반도 상부를 더듬어 찾아보아도 격자 모양의 정연한 가로는 찾아볼 수 없었다.

이지적인 그리스 사람들이 페르시아 군대의 무력에 의해 파괴된 밀레투스의 시가지를 복원하기 위해 이러한 격자 모양의 가로를 갖춘 신도시를 계획했다고 한다. 그러나 도시 자체의 규모를 보면, 오리엔트의 이른바 전제군주가 통치하는 도시에서 이러한 토목기술이 발전되었을지도 모른다. 그러한 의미에서 이 소아시아 땅은 고대에도 틀림없이 동서의 접점이었다고 말할 수 있을 것이다. 밀레투스의 불레우테리온(Bouleuterion, 시 의사당)에서 그리스 민주주의의 잔영을 발견하는 사람도 있을 것이다.

디디마, 얼굴 조각

디디마

디디마Didyma에는 언뜻 보기에 그로테스크*한 사람 얼굴을 조각한 장식이 있다. 신들의 국가라기보다 살아 있는 인간의 향취가 느껴지기는 하지만 신전은 너무나 거대하였다. 그러나 처음부터 이렇게 거대한 건축물이 계획된 것은 아니었다. 오히려 지금도 속세와 두꺼운 벽으로 격리된 것처럼 보이는 중앙의 성스러운 곳, 그곳에 옛 신전이 위치하였다. 신전에 많은 사람들이 모여들자 증축되면서 그 규모가 거대해졌다. 지금 우리들이 볼 수 있는 것은 세 번 증축한 상태의 건물이다. 나는 불행하게도 미처 알아보지 못하였으나 신전의 케르라 안쪽의 설계도, 혹은 현장시공도라고 부를 만한 그림이 조각되

---

* 사람 동물 꽃 과일 등을 포함하는 아라베스크 무늬를 말한다. 원래 그로테스코 grotesco란 이탈리아어로 보통의 그림에는 어울리지 않는 장소를 장식하기 위한 색다른 의장을 가리키는 것이었으나, 오늘날에는 일반적으로 '괴기한 것, 극도로 부자연스러운 것, 흉측하고 우스꽝스러운 것' 등을 형용하는 말로 사용된다.

어 있는 것이 최근 발견되었다.

고전 건축을 연구하거나 몹시 아끼는 많은 사람들이 이곳을 방문하였지만 그중 누구에게도 발견되지 않고 사진에도 찍히지 않았던 이 조각이 갑자기 나타나다니 대체 누구의 장난이란 말인가? 아마도 우연이라고 해도 좋을 태양의 장난으로 발견된 것인지도 모른다. 희미하게 남아 있던 부조의 선이 태양 빛을 측면에서 받게 되자 벽을 보라보던 학자의 눈앞에 선명하게 떠올랐다고 한다. 고대의 유적에 어울리는 정경이라 하지 않을 수 없다. 디디마의 주초에는 과다할 정도의 장식이 조각되어 있다. 활력을 집요하게 조각해 넣은 그 모습과 전면의 직선이 확실히 대조적이며 재미있다.

디디마를 뒤로하고 동남 방향으로 가면 라브라운다 Labraunda, 밀라스 Milas라고 불리는 내륙의 건축 유적을 접하게 된다. 바위산을 조각한 탑과 극장이 마치 산악도시를 연상시키며 다가온다. 이 주변의 구릉지를 넘어가면 드디어 다도해를 뒤로하고 동지중해와 만나게 된다. 리키아 Lycia 해안을 향하게 되는 것이다.

카우노스, 크산토스, 카슈

최초로 방문한 도시인 카우노스 Kaunos를 지나면 페티예 Fethiye, 프나라 Pinara, 크산토스 Xanthos, 레툰 Letoon, 파타라 Patara, 카슈 Kas, 미라 Myra, 리미라 Lymyra 등 비교적 작은 유적지가 이어진다.

이 지역의 건축물은 약간 다르다. 우리가 보통 상상하는 그리스 문화의 양상과 다를 뿐 아니라 아르카익 시대*의 고졸함을 지닌 단순하고도 힘이 넘치는 조형과도 다르다. 나름대로 감상해 보니 그리스 문화를 받아들인 사람들

---

* 그리스 미술은 세 시기로 구분되는데 아르카익 시대(기원전 7세기~6세기), 고전 시대(기원전 5세기~4세기), 헬레니스틱 시대(기원전 3세기~1세기)다.

페티 예의 마애묘

이 그것을 나름대로 해석한 결과처럼 보인다.

가우노스와 페티예의 마애묘摩崖墓가 그 전형이다. 언뜻 보아서는 그리스 신전의 정면 모습이지만 처마 장식에는 통나무를 깔아놓은 모양의 요소가 발견되며, 주두는 엄청나게 크며 원형의 주초 역시 가늘고 긴 기둥과 비교해 볼 때 두껍다고 할 수 있다. 한편으로 형식화된 것처럼 보이기도 하고 다른 한편으로는 형식으로 완전히 승화되지 않은 채 자신의 존재를 확실히 드러내고 있기도 하다.

크산토스와 카슈의 리키아풍 석관은 정말로 훌륭한 조형이며 그 자체로서 완전한 모습이다. 집 모양의 석관을 토대로 만들어진 듯하며, 이와 유사한 형태를 다른 곳에서는 찾을 수 없다. 카슈에는 후세에 싹터서 자랐을 큰 나무가 시가지 대로의 한복판에 있으며, 그 가지 밑에는 리키아풍의 석관이 높은 초석 위에 의연히 자리잡고 있다.

주두와 주초의 다양한 모양

고전 문화의 주변부

아스펜도스 극장, 밖에서 본 스케네의 모습.

페르게와 아스펜도스

이곳부터는 동지중해 북쪽 해안을 따라난 한 길로 동쪽으로 가게 된다. 테르메수스Termessus, 페르게Perge, 안탈리아Antalya, 아스펜도스Asphendos, 시데Side에 이르면, 고대 그리스에서 고대 로마로 무대가 바뀌었음을 알게 된다. 산악도시 테르메수스에는 두 시대 모두의 건축 유적이 남아 있지만, 그 밑바탕에는 그리스 문화가 깔려 있다는 점을 거대한 극장의 정면에 가로놓인 바위산을 바라보고 있으면 자연히 이해하게 된다.

페르게와 아스펜도스에는 전형적인 극장이 남아 있다. 특히 아스펜도스에는 무대의 배경 시설인 스케네*가 지붕까지 온전하게 남아 있어서 로마의

---

* Skene. 그리스의 극장은 오케스트라, 테아트론, 스케네의 세 부분으로 구성되었다. 오케스트라는 중앙의 원형 평면으로 된 무대이며, 테아트론은 관람석으로서 반원형인 언덕 사면에 있는 동심원의 돌계단에 마련되었고, 스케네는 테아트론의 맞은편에 있는 준비실이나 분장실이며 그 뒤에 열주랑이 부설되었다.

아스펜도스의 내부 모습

극장이 어떤 모습이었는지를 한눈에 이해할 수 있다. 시데의 극장은 상당히 파괴되어 있지만 장대한 공중 화장실이 남아 있다. 반원형의 터널은 정확히 반이 잘려진 도너츠 같은 형태의 공간을 만들고 있으며, 좌변기가 그 외곽에 중심을 향하여 놓여 있다. 고대의 항구는 지금은 얕은 모래밭으로 메워져 버려 지중해의 투명한 바닷물이 찰랑인다.

키프로스Cyprus 섬의 맞은편 해안에 해당하는 지역에는 도시 유적이 거의 없다. 아란야Alanya를 지나면 바로 지중해의 동단이며, 북쪽으로 바다가 밀려오는 곳 근방에 알라한Alahan, 아야 테크라Aya Tekra, 우준카브르치Uzuncaburc, 코리고스Korigos가 있다. 알라한 모나스티르Alahan Monastir는 초기 기독교 시대의 수도원으로는 눈에 띄는 건물이다. 실내에 몇 겹에 걸쳐서 둘러쳐진 스퀀치 아치*와 볼트가 마치 서커스 가설건물에 매달린 그네를 연상시키며, 바람 소리에 흔들리는 듯한 착각에 빠지게 만든다.

고전 문화의 주변부 31

페르게 극장의 부조

비블로스에서 바알베크로

드디어 지중해의 동쪽 해안을 따라 북쪽에서 남쪽으로 내려간다. 이미 그리스에서 멀어졌으며 로마로부터도 아득하게 멀리 떨어진 중동 땅에 발을 들여놓는다. 동양 특유의 냄새, 번잡함, 술렁임이 넘쳐나는 현대 도시에서는 이 땅이 일찍이 로마제국의 중요한 지역이었다는 것을 상상할 수 없다. 현대 건축물에서 반드시 20세기 공통의 존재감을 발견할 수 있는 것은 아니지만, 하나하나의 유적을 찾아가면 이곳에 일찍이 로마의 문화가 꽃피고 있었음을 확신할 수 있다.

해안가에는 그다지 많지 않은 유적이 남아 있으며 비블로스Byblos, 시돈Sidon, 티레Tyre라고 불렸던 곳이 있다. 해안과 평행하게 뻗은 레바논 산맥

---

* Squinch Arch. 정방형의 평면과 원형 돔 사이를 연결하는 정방형 코너에 있는 아치.

을 넘어서 내륙으로 들어가면 유명한 바알베크Baalbek가 있다. 그 거대한 신전은 인간이 신을 두려워하지 않고 무언가를 의도했다는 점, 즉 신의 이름을 빌려서 거만하게도 무언가를 저지르려 했다는 점을 가르쳐 준다. 하나에 천 톤에 달하는 석재를 쌓아 올려서 신전을 위한 인공지반을 쌓고 하늘을 받치듯이 원주를 세웠다. 옆의 바카스 신전은 비교적 잘 보존되어 웅장하고 화려한 로마의 건축양식을 보여 준다. 그리고 매일 태양이 기울면 바깥쪽 열주의 그림자가 나오스(Naos, 신전의 내실)의 벽에 몇 개의 세로줄을 드리운다. 또한 비너스 신전이라 불리는 건축물에서는 내·외부가 바뀐 듯한 조형이 어느 시대에 있어서나 성숙기에 나타난다는 점을 드러내 준다.

또한 내륙부에는 얼마 떨어지지 않은 곳에 있는 사막지대를 앞에 두고 북쪽에서 남쪽으로 비옥한 초승달 모양으로 수많은 도시가 늘어서 있다. 카라트 세먼Qalaat Seman, 데이르 세먼Deir Seman, 키르크 비제Kirk Bize, 칼브 로제Qalb Lose에는 초기 기독교의 건축물이 로마의 건축 유적과 나란히 서 있고, 일레포Aleppo, 카슬 이븐 왈던Qasr ibn Wardan, 하마Hama에서는 이슬람과 비잔틴 두 문화가 복합적으로 나타나며, 다마스쿠스Damascus로부터 샤바Shahba, 카나와트Qanawat, 수웨이다Suweida가 줄지어 이어지는 보스라Bosra에는 가장 완벽하다고 해도 좋을 로마 극장이 남아 있다. 게라사Gerasa에는 달걀 모양의 포럼과 십자형의 열주가로를 비롯한 아름다운 극장도 남아 있으며, 요르단의 수도인 암만에는 시가지의 중심부에 지금도 로마의 극장을 복원 중이다.

홍해로 나 있는 아카바 만에 가까우며 사해의 계곡이 바라보이는 페트라Petra에는 죽은 도시에 걸맞는 광경이 펼쳐져 있다. 초기 이슬람 문화는 비잔틴 문화가 접목된 상태의 기독교에 영향을 받았으며, 그 예로 사막의 궁전 암라Amra와 므샤타Mshatta가 있다. 시리아 사막 안에 위치한 도시 팔미라

Palmyra도 그 여왕 제노비아 Zenobia의 미모와 함께 잊을 수 없을 곳이다. 사막의 석양은 모든 건축 유적을 핑크색으로 물들이고 저물어 갔다. 유프라테스 강을 향하여 북쪽으로 가면 레사파 Resafa의 도시 성벽과 만난다. 역사란 변천할 뿐만 아니라 과거를 그대로 정지시킨 후 응고시키기도 한다는 점을 깨닫게 한다.

Ancient
Architecture

2

모이는 장소 – 그리스·로마 극장

에피다우로스의 극장

그리스 사람들도, 로마 사람들도 모이는 것을 좋아했다. 그리스 사람들은 정치를, 그리고 그 바탕을 이루는 철학을 얘기하기 위하여 모였다. 사람과 신이 가장 행복하게 교류를 했던 시대에 그리스에서는 신전도 인간적인 모임의 장소로서 계획되었다고 말해도 좋을 것이다. 그러나 누가 뭐라 해도 모임 장소의 전형은 극장이다.

  사람들이 모인다. 모임에는 중심이 있다. 중심 무대에서 대사를 말하는 사람은 서고, 춤추는 사람은 움직이고, 악기를 연주하는 젊은이는 앉는다. 무대란 흙으로 다져진 평평한 바닥〔土間〕에서부터 시작되었으며, 이 유래는 오늘날의 축제나 거리공연을 보고 있으면 이해할 수 있다. 무대 중앙으로 동심원을 그리고 사람들의 울타리가 생긴다. 뒤에서 바라보는 사람들은 발돋움을 했을 것이다. 앞에 있는 사람은 주저앉거나 허리를 굽혀서 몇 겹인가 사람들이 에워싸고 있었음이 틀림없다. 이러한 행태와 자연의 지형이 서로 맞아떨어져 그리스의 반원형 극장이 생겼다고 상상해도 무방할 것이다. 초기에는 경사진 돌 위에 걸터앉았을지도 모르며 그 옛날에는 나무가 흔하여 통나무를 벤치처럼 사용하였을지도 모른다.

  우리들이 현재 볼 수 있는 그리스 극장은 거의 모두가 돌로 만들어졌으며 계단 모양으로 되어 있다. 한 계단 한 계단이 옆으로 이어지며 동심원의 객석을 이루고 있어서 어떤 자리에서도 중앙 무대가 잘 보인다. 돌계단 하나하나는 통로와 좌석으로 이루어져 있으며 대부분의 경우에는 좌석이 통로보다 조금 높게 되어 있다. 돌계단에 앉아서 보면 좌석의 앞부분은 완만한 곡선을 그리고 있어서 발의 안쪽이 편안하다. 더욱이 발을 바로 앞으로 당길 수 있게 되어 있다. 위에서부터 아래까지 좌석이 완전히 남아 있는 경우는 드물지만 대개의 경우 한 극장에서 한 단의 폭과 높이는 일정하게 유지된 것 같다. 그

파리, 퐁피두 센터 광장에서

경사는 30°정도로 상당히 급한 편이다. 따라서 큰 극장의 맨 뒤쪽에 앉아서 보면 깊은 계곡의 바닥을 내려다보는 느낌을 받는다.

말끔하게 복원된 에피다우로스Epidauros 극장은 처음 그리스 세계를 방문하는 사람에게 추천할 만한 답사지이며, 그 큰 스케일과 뛰어난 음향에 모두 놀라 버린다. 그리스 극장의 경우에는 반원형의 중심에 흙으로 다져진 원형의 평평한 바닥이 있어서 이곳이 코러스와 군무를 위한 중앙 무대가 되었다. 에피다우로스의 무대 중심에서 보통의 소리를 내면 30m나 떨어져 있는 객석 끝에서도 잘 들을 수 있다. 극장 전체가 돌로 만들어졌기 때문에 나팔과 같은 효과가 있는지도 모르겠지만, 사람이 모이면 흡음 효과로 인해 실제로는 조금 변화가 있을 것이다.

내게 가장 인상적이었던 장면은 B. 프라가 델로스Delos의 극장 유적에서 강연했던 모습이다. 돌로 만들어진 테이블에 손을 짚고 말하는 육성이 잘 울

에피다우로스 극장. 원형의 흙으로 다져진 평평한 흙바닥을 중심으로 반원보다 조금 큰 부채꼴의 좌석과 반대쪽에 외접하는 세로 폭이 좁은 무대배경의 구성이 잘 복원되어 있다.

려서 드문드문 앉아 있는 사람들의 마음을 뒤흔들었다.

    그리스 극장도 무대는 중심으로부터 객석을 향하여 뒤쪽이 장방형으로 한 단 높게 만들어져 있다. 객석은 반원형을 넘어 큰 부채꼴로 양끝을 껴안는 형태를 하고 있다. 곧이어 로마 시대로 접어들면 무대는 점점 더 호화로워져서, 무대 뒤편의 배경은 여러 켜 겹쳐진 건축물이 되고 객석은 반원형으로 축소됨과 동시에 객석 뒤편도 벽으로 둘러싸이고 그 벽과 무대의 배경이 하나가 된다. 극장은 완전한 반원형의 절구 모양이 된다. 실례로 터키의 아스펜도스와 시리아의 보스라에 이러한 유형의 극장이 거의 완전한 상태로 남아 있다.

    무대의 배경이 되는 벽면에는 창문 형상들이 많이 붙어 있다. 그리고 열주를 조합한 벽면이 요철을 이루며 서 있다. 무대의 출입구도 이 벽면에 설치됨과 동시에 요즘 극장의 무대처럼 양 측면에서도 출입할 수 있도록 되어 있다.

보스라 극장, 전형적인 로마 극장이다. 2세기 후반에 건설되었고 직경은 100m 이상이다. 배경의 높이는 26m, 코린트식의 기둥이 늘어서 있다. 재료는 이집트에서 운반된 약간의 붉은빛을 띠는 화강암이다.
오케스트라 쪽의 출입구를 파라도이 Paradoi 라고 부르지만 넓은 포이어(foyer, 극장의 로비)와 분리되어 있다. 내부에 통로가 있어서 중간과 상부에서 직접 통한다. 최상단의 열주가 아름답다. 파라도이 위에는 트리뷴 tribune 이 설치되어 그 완벽함은 로마 극장 전체에서 최고라고 할 수 있다.

페르게 극장, 정면에서 본 객석과 아치

무대의 높이는 1m 전후이고, 그 전면에도 장식적인 요철이 붙어 있다. 유적에는 로마 건축물의 특징인 벽돌이 남아 있으며 그 표면을 장식하였을 돌, 특히 하얀 대리석과 화강석은 떼어낸 듯 단편만 남아 있을 뿐이다. 그러나 조금 남아 있는 대리석의 연석과 경판으로부터도 상당히 훌륭한 벽면이 완성되어 있었음을 상상할 수 있다. 무대가 완성된 무렵에는 중심이었을 흙으로 다져진 평평한 바닥이 오히려 객석의 일부처럼 마무리되어 있다. 그리고 흙으로 다져진 평평한 바닥의 양측에도 원통형의 상부를 가진 출입구가 크게 설치되어 있다.

그리스 극장에서도 객석의 일부에 훌륭한 좌석이 설치되어 있다. 그리스의 펠로폰네소스 반도의 중앙에 있는 메갈로폴리스Megalopolis에는 팔걸이가 있는 소파처럼 묵직한 좌석 3개가 맨 앞줄에 30°씩 떨어져 설치되어 있다. 이곳이 유적이라서 예전부터 그곳에 있었는지는 확실히 알 수 없다.

테르메수스 극장. 테르메수스는 급한 산 중턱에 만들어져서 평탄한 곳이 거의 없다. 지금은 수목도 우거져서 유적의 중심은 걷기 힘들다. 이 극장은 로마 시대에 개조되었으나 사진처럼 무대의 바로 뒤에 바위산이 솟아 있다. 틀림없는 헬레니즘 극장의 전형이다. 이곳에는 극장 이외에 무덤 등이 남아 있다.

자연이 지니는 스케일과 융합된 그리스 극장

그리스 극장의 대부분이 현재는 폐허로 남아 있다. 돌계단에서 빠진 석재는 없어지고 나무만이 무성하다. 그리스 본토의 스파르타Sparta에서도 극장 자리는 완전히 올리브나무로 덮여 있었다. 니사에도 지형을 보면 극장의 유적임을 알 수 있는 곳이 발견되지만, 숲 속의 극장이라고 불릴 만큼 폐허 상태로 남아 있다. 리키아 해안의 파타라에는 모래 언덕 위에 계단 모양이 덮여 있다. 로마 극장 중에도 돌계단이 허물어져 버린 것이 많지만 자연 지형을 이용한 극장이 많은 점은 변하지 않는 사실이다. 페르게와 아스펜도스의 전형적인 극장에서도 약간 높은 언덕의 경사면이 이용되고 있다. 아테네의 아크로폴리스에 올라가 본 사람들은 발 아래로 펼쳐진 웅장한 디오니소스 극장을 보고 감격했을 것이다. 반면에 평지에 건설된 극장의 예로는 앞에서 소개한 보스라의 극장과 소위 항구도시라 부르는 시데의 극장 등이 있다. 극장의

모이는 장소 41

니사 극장. 니사는 계곡을 사이에 둔 산골짜기에 시가지가 만들어져 있었다. 현재는 올리브 밭이 되어서 극장의 돌 계단 사이에도 커다란 올리브가 자란다. 극장의 좌석에 앉으면 그 중심이 아래의 계곡을 향하고 있는 것을 알 수 있다. 이러한 의미에서는 그리스 극장의 특징을 갖추고 있다고 할 수 있다.

파타라 극장. 해안에 가까운 파타라에는 극장 이외에 곡물창고 등도 남아 있지만, 식물이 우거지고 모래가 바람에 실려 와 유적이 차츰 가려지고 있다. 극장의 객석도 반 정도는 모래언덕으로 덮여 있다.

시데 극장, 일찍이 헬레니즘 극장이 있던 곳으로 2세기에 건설되었다. 아고라에 접하여 아래쪽은 자연 지반이 있으나 위쪽은 이중의 복도 볼트로 축조되어 있다. 상부는 떨어져 나갔지만 객석의 상부에 서면 바다가 잘 바라다 보인다. 무대의 높이는 23m 정도이고 5세기에는 도시가 번화했었다.

페르게 극장, 도시의 성문 밖에 만들어져 있다. 커다란 스타디온의 가까운 언덕 경사면을 이용하여 만들어졌지만 배경의 벽면은 무너져 내렸다. 객석만은 흙이 제거되어 간신히 그 전경을 볼 수 있다. 그리스-로마기의 극장에 속하지만 수용인원은 14,000명이며, 전에 출토된 디오니소스극 장면의 화판에는 더 양호한 상태로 남아 있다.

모이는 장소 43

카슈 극장, 로마의 극장과 달리 헬레니즘 극장은 외부와의 관계를 객석에서부터 느낄 수 있다. 카슈 극장은 돌계단이 상당히 파괴되어 있지만 앞쪽의 아름다운 바다를 바라보는 것만으로도 충분히 만족할 수 있다. 통로는 4개, 객석은 26열로 되어 있다.

델피 극장

대부분은 조금씩 중축되어 그리스에서 로마로 계승되며, 도시가 발전한 곳에서는 그리스의 극장이 새롭게 정비되어 로마의 전형적인 극장이 되었다. 이러한 이유로 그리스 극장과 로마 극장의 특색을 구별하기 어려운 점이 있다. 그렇지만 극장 하나하나에 들어가서 그 좌석에 앉아 보면 두 세계의 근본적인 차이를 발견할 수 있다.

그리스 극장의 유적에 앉아서 무대를 바라보면, 그 무대가 비교적 작아 보이고 특히 대부분 무대의 배경이 없기 때문에 무대 뒤쪽의 경치가 잘 보인다. 그 배경에는 큰 바위산이 가로놓여 있거나 끝없이 이어지는 바다가 원경으로 펼쳐진다. 바꾸어 말하면 객석 중심과 무대 중심을 연결하는 극장의 축이 그러한 조망의 기본적인 선을 이룬다고 할 수 있다.

그리스 본토의 예를 들어보면 델피 극장이 좋은 예다. 그리고 소아시아 헬레니즘의 대표적 사례로 페르가몬의 대극장도 들 수 있을 것이다. 델피에서 극장은 급한 경사면에 붙여 놓은 것 같은 형태로 성역 최상부에 놓여 있으나, 대신전을 피하여 깊은 계곡 건너편의 바위산이 무대의 배경이 되는 것을 볼 수 있다.

페르가몬의 대극장은 제우스 신전을 배경으로 아크로폴리스 언덕의 사면을 객석으로 삼고 있으나 무대는 그 중앙 계단에 상당히 긴 테라스 형태로 만들어져 있다. 테라스의 안쪽에는 바카스 신전이 있다. 그곳은 틀림없이 제례의 신에게 어울리는 위치이지만 무대는 마치 그곳으로의 참배도로처럼 형성되어 있다. 이 극장의 전면을 가로지르는 무대의 배경은 깊고 넓은 계곡이라기보다는 평원이며, 멀리 300m 아래쪽에 당시의 시가지가 형성되어 그 끝부분에 아스클레피우스 신역이 있었다. 병을 고치는 신인 아스클레피우스 신역에는 밤에도 아픈 사람들의 무리와 화톳불이 어우러져 괴이하게 흔들리며 움직이고 있었을지 모른다. 이 장면을 배경으로 3,000명 이상을 수용하는 극

에피다우로스 극장

장에서 현재는 볼 수 없는 몽환을 연출하고 있었을 것이다.

그리스 사람들은 이러한 자연이 지닌 거대한 공간 구성을 잘 파악해 내고 의도적으로 건축 안으로 끌어들였다고 생각된다. 이러한 구성은 단순히 극장에 국한된 것이 아니라 신전의 배치와도 관련되며, 이 연관성은 이미 미국의 역사학자 스컬리Vincent Scully가 지적한 바 있는 믿을 만한 생각일 것이다. 그리스의 사상이 휴먼, 즉 인간적이었다는 의미는 단순히 인간을 생각했다는 것이 아니라, 인간의 상상으로 탄생한 신과 자연을 아우르는 그 융합의 중심에 인간에 대한 사고가 들어가 있는 것이라고 해야만 할지도 모른다.

로마 극장의 공간 구성

이러한 맥락에서 보면 '로마의 극장은 어떤가?' 라는 의문이 생기게 된다. 그리스의 극장이 내부로부터 외부와 연결되어 있다면 로마 극장처럼 완전히 벽으로 단절된 공간은 그리스 극장의 공간과 처음부터 대조적인 것으로 여겨진다. 현대의 우리들이 극장을 방문할 때 인위적인 허구라 하여도 그곳을 하나의 완결되고 독립된 세계로 만들려하는 태도와 비슷할 것이다.

주위를 완전히 폐쇄시키고 그 안에서 로마 사람들은 무엇을 연주하였을까? 그곳에서의 열광, 흥분은 아마도 하늘까지 도달할 듯한 울부짖음이었을 것이다.

그러나 나는 지금 로마 극장의 구성을 과장되게 추측하고 있다. 로마 극장 역시 그리스의 극장과는 다른 방식으로 그 주변과 관련을 맺고 있었다는 것이다. 로마의 극장이 고립되어 있는 경우는 드물다. 평지의 도시 시설로 건설되어 도시의 내부에 자리잡고 있는 사실에 비추어 볼 때 그 주변과 어울리도록 다른 건축물과 함께 세워져 있었던 것이다.

로마 도시의 과밀 양상은 수도 로마뿐만 아니라 식민지 각 도시에서도 똑같이 나타났다. 네로는 그 과밀하고 불결한 로마가 싫어서 불을 질렀다고도 한다. 아마도 도시가 주변과 비교하여 오염지의 표본으로 간주되는 현상은 로마부터인지도 모른다. 아무튼 로마의 극장은 다른 시설과 관계를 맺고 있는 경우가 많다. 그 시설이 건축물이 아닌 경우에는 공간으로 사용된 포럼도 포함된다.

아스펜도스 극장의 전면에는 포럼이 배치되어 있었다. 시데 극장도 마찬가지다. 터키의 중앙부 아에자니 Aezani에는 반원형의 극장이 중심선을 일치시키며 스타디온 stadion과 통합되어 있다. 경기장은 한 방향이 반원형이므로 전체로는 타원형이 된다.

극장은 아주 거대한 건축물이며 이것과 닮은 형태로 오데온 odeion이 있다. 간단하게 구별하면 오데온은 음악당이라 불렸던 건물이며, 동일한 반원형의 말발굽 모양이지만 그 규모는 작다. 페르가몬의 아스클레피우스 광장

아에자니 극장, 스타디온의 좌석

에는 사각형의 광장 모양에 열주가 늘어서 있고 이 공간에 면하여 오데온이 부속되어 있다. 열주를 배경으로 무대가 있고 객석 편에서 보면 무대의 뒤편에 사각형의 광장이 있었던 셈이다.

이 광장과 동일한 구성을 에페소스의 위쪽에 위치한 포럼에서도 볼 수 있다. 대극장처럼 언덕의 경사면을 이용하고 있지만 방향에서 90°의 차이가 난다. 객석에서는 광장이 잘 보인다. 무대의 뒤편에 거대한 벽이 없기 때문에 그리스 극장의 전형과 유사한 공간이 로마의 오데온에도 있다고 말할 수 있을 것이다.

그렇다면 로마 극장의 공간 구성은 어떠한 양상이었을까? 로마 사람들은 그리스 사람들과는 다르게 벽으로 가려진 무대 뒤편과 극장 내부를 연결시키고 있었을지도 모른다는 생각이 든다. 그리스인은 극장의 객석에서 실제로 보이는 경치를 즐기고 있었을 게 분명하다. 이에 반해 로마인은 건축가의

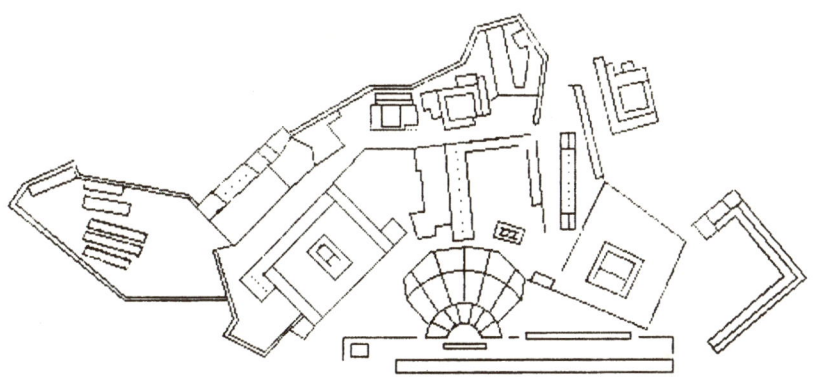

페르가몬

눈, 즉 도면상에서 인접하는 두 공간의 관계를 파악하고 있었을지도 모른다. 개개의 공간이 독립되고 폐쇄적이지만 이 공간을 단위 요소로 설정하고 서로 결합해 가는 수법을 로마의 건축에서 느낄 수 있다. 실제로 사람들이 극장을 방문할 때 이처럼 개개의 독립된 공간에서 얻는 체험이 누적되어 기억되는 것이다.

   이러한 추상적인 사고, 공간에 대한 인식이 그리스에는 없었다기보다는, 그리스의 공간 구성에서는 하나하나의 인식이 가시성의 바탕 위에서 성립되며 그 집합 역시 추상적인 구성을 지니고 있었을지도 모른다. 아테네의 아크로폴리스를 올라가 보면 각각의 장소마다 훌륭한 경관이 펼쳐지고 그 장면들이 꺾이면서 전체를 구성한다는 것을 알 수 있다. 또한 전체가 명확하게 보이는 것이 아니라 어떤 때는 담 위로 앞 건물의 처마 끝만이 보이기 시작했을 것이다.

페르가몬 아스클레피우스의 오데온, 아래 도시의 변두리에 있는 아스클레피우스의 포럼에 면하여 오데온이 있다. 좌석의 형태를 잘 볼 수 있다.

에페소스 불레우테리온, 이것은 일찍이 오데온이라 불린 것에서 알 수 있듯이 둘 모두는 형태상으로 크기가 비슷하다. 약 1,400명을 수용하며 직경은 46m. 극장의 기록에 의하면 2세기에 기증되었다. 아고라와의 사이에 무대는 만들어져 있지 않다.

아프로디시아스의 오데온, 매우 보존이 잘 된 오데온으로 무대 출입구가 다섯 군데 있다. 아래에 있는 9열의 객석 상부는 11개의 볼트로 지지되고 있으나 초기의 것은 비잔틴 시대에 파괴되었다.

비블로스의 오데온, 작은 무대 건너편으로 보이는 것은 지중해다. 객석도 몇 계단밖에 복원되어 있지 않지만 오데온의 원형을 알려 준다. 무대 정면의 페디먼트(박공)도 작지만 정교하게 만들어져 스케일 감을 표현하고 있다. 오케스트라의 바닥은 옛날 것은 아니지만 극장 크기에 잘 맞추어져 있다.

불레우테리온, 테르셀리온

사람들이 모이는 시설을 몇 곳 소개하고 싶다. 그곳은 프리에네의 불레우테리온, 메갈로폴리스의 테르셀리온이다.

프리에네의 불레우테리온은 크기는 오데온보다 작고 그 모양도 사각형이다. 좌석을 구성하는 계단 모양은 ㄷ자형으로 되어 있다. 계단을 만드는 방법에는 차이가 없지만 지붕이 덮여 있었다는 점에서 큰 차이를 보인다. 지붕의 가구架構를 가늠해 보면 이곳은 상당히 거대한 공간임을 알 수 있다. 프리에네에는 좌석과 좌석 사이의 양측에 기둥을 세웠던 주초가 남아 있다. 이것이 방해가 된다고 생각했는지 혹은 공간을 응집시켜 영역성 혹은 중심성을 주는 요소로 생각했는지 알고 싶지만 이천 년이 지난 지금은 바람 소리만 들릴 뿐이다.

불레우테리온에는 연설을 위한 단이 아직도 중앙에 훌륭하게 남아 있다. 지금도 연설할 사람을 기다리고 있는 것처럼 보인다.

메갈로폴리스의 테르셀리온에서도 역시 기둥이 놓인 방식이 재미있다. 이곳은 만 명 정도의 사람이 모였던 곳으로 지금은 주초만이 남아 있다. 가장 궁금한 것은 그 모양이 정방형이며 면적도 크기 때문에 지붕은 도대체 어떤 형태였는지, 비가 많이 내리는 곳이기 때문에 지붕의 경사는 어떠했는지 하는 점이지만, 우선 기둥이 놓인 방식에 주목해 보자.

기둥은 언뜻 보기에는 방사형으로 놓여 있는 것처럼 보인다. 그러나 중심에서부터 정확하게 일직선상에 놓여 있지 않다. 오히려 정방형 상태로 기둥이 놓여 있던 듯하기 때문에 방사형으로 모든 기둥이 정돈되지는 않았다. 이러한 다주실多柱室이 어떻게 사용되었는지 흥미롭다. 평행하게 기둥을 놓으면 좋았을 것으로 생각되며 무언가 중심을 의식하고 있던 듯하다. 이 테르셀리온도 극장과 인접하고 있다.

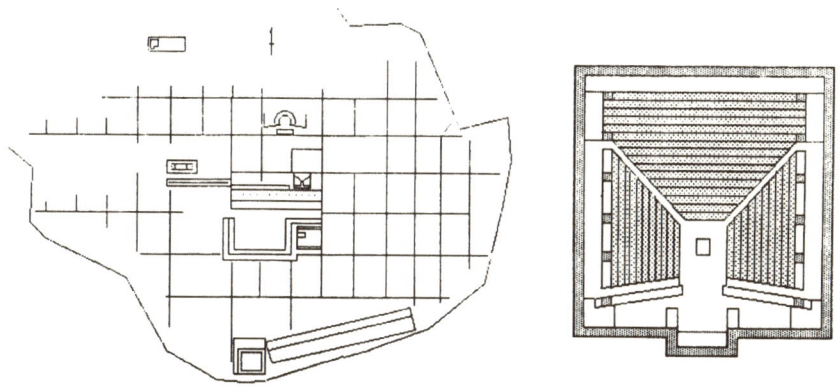

프리에네 불레우테리온, 배치도·평면도

극장의 내부에 대해서 조금 면밀히 살펴보자. 반원형의 좌석에는 방사형의 계단이 놓여 있다. 좌석의 경사는 30° 정도이기 때문에 이 계단은 적당한 경사를 이루고 있다. 다만 앉기 위한 단 높이는 37cm 정도이지만 계단 한 단의 높이로는 너무 높다.* 대부분의 극장에는 일렬의 좌석마다 두 단의 계단이 설치되어 있었다.

현대의 극장은 장방형의 상자 모양이 많지만, 무대를 중심으로 객석이 부채꼴이므로 객석의 폭이 뒤쪽으로 갈수록 넓어진다. 면적이 넓어지면 객석 수가 증가한다. 그리스·로마의 극장은 완전한 반원호이기 때문에 계단을 통로로 하면 뒤쪽은 아주 넓어져서 통로와 통로 사이의 좌석수가 상당히 많아진다. 그렇기 때문에 방사형의 계단이 중간부터 증가하는 경우가 많다. 그곳

---

* 현대의 건축 설계시 계단의 높이는 일반적으로 18cm 이하로 계획한다.

프리에네의 불레우테리온, 장방형 평면의 세 방향에 계단 모양의 의자가 있다. 지붕은 사각의 돌 위에 있던 기둥에 의해 지지되었다. 중앙은 제단이다.

에 폭이 넓은 원형의 수평 통로가 설치되어 있다.

극장으로 들어가는 방법은 무대 바로 앞의 흙으로 다져진 평평한 바닥으로 들어와 통로를 올라가서 좌석으로 갈 수도 있지만, 중간의 수평 통로에 있는 좌석 아래의 볼트로 만들어진 복도로부터 접근하여 다시 방사상의 통로를 통하여 좌석에 도달하는 방식이 일반적이었던 것처럼 보인다. 좌석 아래의 통로는 평면상으로도 휘어져 있을 뿐 아니라, 로마 건축의 특색인 반원형 지붕의 천장으로 되어 있어서 기묘한 공간을 만들어 내고 있다. 이 기술은 그리스에서는 이용되지 않았기 때문에 그리스 극장은 산등성이를 객석의 기초로 사용하여 좌석의 아래에 터널과 같은 통로가 설치되지는 않았다.

에피다우로스는 거대한 극장을 가지고 있지만 이곳도 연결 부분은 한 곳으로 상당히 거대한 방사상의 계단이 아래로부터 뻗어 있다. 그리고 중간의 반원형 통로에는 좌석 바깥쪽 양단으로부터 들어오도록 별개의 계단이 설치

메갈로폴리스 테르세리온

되어 있다. 에피다우로스의 이 수평 통로로부터 그 윗부분은 증축된 것이다.

흥미로운 점은 좌석의 경사는 일정하며 위에서부터 아래까지 하나의 원추형 표면을 이루고 있기 때문에 수평인 반원형 중앙 통로의 폭이 너무 넓어지면 곤란해진다. 그 결과 통로의 한쪽에 높은 옹벽을 만들어 바로 이어지는 좌석의 높이를 일정하게 유지하도록 되어 있으며, 로마 극장에는 좌석 아래의 복도에서 이곳으로 출입할 수 있는 입구의 천장도 좌석과 부딪치지 않도록 고안되었고, 더욱이 위쪽으로 나 있는 방사형 계단과 연결되도록 높이가 조정되어 있다.

건물의 공간이 대규모화된다는 점은 어떤 의미에서는 복잡한 조합에 의한 결과임을 그리스 극장에서 로마 극장으로의 변화를 통해 알 수 있다.

좌석에 주목해서 보니 무언가 중요한 장소가 있던 것 같다. 밀레투스의 유적에는 중앙의 제일 앞줄에 두 개의 원주가 서 있다. 흙으로 다져진 평평한

암만 극장

바닥에도 역시 두 개의 원주가 서 있다. 파묵칼레에는 중앙 부분의 제일 앞줄에 작은 반원형으로 움푹 패여 있는 부분이 있다. 메갈로폴리스에는 제일 앞줄에만 등받이가 있어서 열 명 정도가 앉을 수 있을 길이의 원호형 소파가 만들어진다. 이 구성에서 잘 이해되지 않는 점은 그 좌석 앞쪽, 앉아서 발을 놓기 직전에 깊은 도랑이 패여 있는 것이다. 물론 돌로 만들어져 있지만 좌석과 바닥을 구분하기에는 폭이 좁으며 발을 놓기도 버거운 폭이다.

　좌석의 팔걸이가 양단에 있고 다리 부분에 해당하는 곳은 까치발console처럼 곡선으로 되어 있다. 그러나 정확하게 사자발 모양은 아니다. 사자발은 페르가몬의 오데온에서 볼 수 있으며 세로 통로의 계단 양 옆, 벤치의 단부를 장식하고 있다. 가늘고 긴 발톱을 가진 발가락이 네 개 있는 것 같은 형태다.

　현재의 극장과 비교하면 비상시에 피난할 때 위험할 것 같다. 이러한 차이점과 별개로 화장실 등이 어떻게 처리되었을지 궁금하다. 시대의 극장은 포

게라사

럼에 인접되어 있고 그곳에는 훌륭한 공중화장실이 건설되어 있었지만, 대부분의 다른 극장에서는 확인할 수 없었다.

그리스 극장과 로마 극장의 차이점
그리스 시대의 무대는 초기에는 목조였다고 한다. 객석이 초기에는 나무로 만들어진 듯하므로 무대 역시 당연히 목조였을 것이다. 로마 시대에 접어들어 극장의 무대 뒤쪽이 높게 만들어졌다. 그 개략적인 모습은 아테네의 아크로폴리스 아래쪽에 위치한 로마 시대에 지어진 오데온으로부터 충분히 짐작할 수 있지만, 그 표면 마감은 아스펜도스, 게라사, 보스라의 극장으로부터 상상해 볼 수도 있겠다.

아스펜도스 극장의 무대 배경은 높이 전체가 온전히 남아 있고 벽면에 많은 엔타블러처*가 붙어 있다. 벽으로부터 돌출된 가로대에 의해 지지되고 있

모이는 장소 57

팔미라의 극장, 극장 입구의 아치, 무대의 출입구, 바깥의 경치가 보인다. 우측에 탑문이 보인다.

는 박공면이 돌출되어 있으며, 그 오목한 부분에도 얇은 엔타블러처 박공면이 붙어 있다. 보스라에는 최하층 부분에 열주가 남아 있기 때문에 이러한 벽면 요철의 전면에 기둥이 나란히 서 있던 모습을 쉽게 상상할 수 있다. 게라사 극장의 경우, 그 무대 배경의 상부는 붕괴되어 버렸지만 벽면의 출입구를 통하여 바깥 시가지의 모습을 볼 수 있으며, 팔미라에서는 무대 양 옆 출입구를 통해 탑문塔門**이 바라다보인다.

이처럼 로마 극장의 공간도 도시 공간의 일부로써 상호 작용을 맺고 있음을 알 수 있다. 더욱이 로마 건축은 콘크리트를 이용했었던 건설 기술상의 발전을 이루었기 때문에 그리스 건축과 커다란 차이를 보여주고 있지만, 무대

---

* entablature. 기둥에 의해 지지되는 부분들을 총체적으로 부르는 명칭. 엔타블러처는 아키트레이브 architrave, 프리즈 frieze, 코니스 cornice로 3등분된다.
** 팔미라에는 특히 4개의 탑문으로 이루어진 구조물이 있는데 이를 테트라필론 Tetrapylon이라 한다.

밀레투스 극장. 밀레투스 극장은 아크로폴리스에 면해 있으며, 높이 30m에 달하는 헬레니즘 이후의 극장이다. 정면 140m의 로마 극장이 남아 있다. 소아시아 최대로 15,000명도 수용 가능하다. 제일 앞 열 중앙에 옥좌玉座가 있다. 다른 곳에서 가져온 기둥이 서 있지만 두 개는 본 위치에 서 있다. 본래의 무대 기초는 15m였다.

의 배경이 수많은 열주로 장식되어 있었을 것이라고 추측해 보면 그 표면상의 차이는 있지만 표현방식, 적어도 건축 공간의 표층은 그리스 신전으로 대표되는 기둥으로 둘러싸는 형식〔周柱廊型式〕을 기본으로 하는 공통점을 지니고 있다.

그리스 신전의 기둥이 단순히 바닥에 세워져 있는 양상과 비교하면 로마 극장에 사용된 기둥은 각각 독립된 주각(柱脚, pedestal) 위에 세워져 있지만, 이러한 기둥의 문제는 다음 장에서 논하기로 하자.

마지막으로 그리스 극장과 로마 극장의 커다란 차이는 건축적으로 천장의 유무에 있는 것처럼 보인다. 이러한 상이함은 극장의 사용방법에 따른 결과다. 즉 로마 극장에서는 연속공연이 많았다고 한다. 그리고 강한 햇볕을 피하기 위해서도 공중에 차일을 쳤던 것 같다. 무대 뒤편의 벽과 좌석 뒤쪽의 벽이 같은 높이로 되어 있기 때문에 벽과 벽 사이에 망을 둘러치고 차일을 치

비첸차의 테아트로 올림피코

는 일은 별로 어려운 일이 아니었을 것이다.

현재 유럽의 각지에 있는 그리스와 로마 시대의 극장에서는 여름밤에 다양한 연극이 상연되고 있다. 시칠리아의 시라쿠사Siracusa, 타오르미나Taormina와 폼페이Pompeii 등 관광지의 극장은 어디에서나 다양하게 활용되고 있다. 이 극장들 덕분에 다시금 연극의 기원에 대한 물음이 끊임없이 제기되고 있는 것도 사실이다.

끝으로 이러한 로마 극장을 비첸차Vicenza에 부흥시킨 팔라디오(Andrea Palladio, 1508~1580년)의 테아트로 올림피코Teatro Olimpico를 생각하지 않을 수 없다. 그곳의 좁은 공간과 한쪽이 평평하고 일그러진 좌석, 그리고 천장이 막힐 것 같은 무대배경과 경사진 무대를 보면, 유럽에 세워진 극장들은 처음부터 너무 심하게 변형된 것 같다. 그리스와 로마 극장에서는 조금 더 건축적 여유를 느낄 수 있다.

아인자르, 탑문

아다바, 예루살렘 도시도 都市圖 모자이크, 코스티니아누스 시대

예루살렘, 열주가로의 현재 모습

아인자르, 동서 방향의 데쿠마누스와 남북 방향의 카르도

에페소스, 하드리아누스의 신전, 2세기, 4세기 말 복원

에페소스, 항구로 향한 가로, 4~5세기

파르테논 신전의 부조

오랑주 극장

페트라, 파라오의 보고

에페소스 도서관

페르가몬 극장, 기원전 3세기

크산토스, 리키아풍 석관, 기원전 4세기경

리밀라, 리키아풍 석관, 기원전 4세기경

카슈, 리키아풍 석관, 기원전 4세기경

페르게

알라한 모나스티르 동쪽 교회당 내부, 6세기 초기

프리에네, 극장, 기원전 2세기

보스라, 극장 무대, 2세기

아프로디시아스 스타디온, 로마 시대

석양에 물든 에게 해와 포세이돈 신전

Ancient
Architecture

3

연결하는 장소 — 열주가로, 포럼

열주가로, 포럼

그리스의 경우 온전하게 남아 있는 도시의 사례가 적어서 도시의 가로에 대해서는 광장과 마찬가지로 확실하게 파악되지 않는다. 광장에 면하여 스토아(Stoa, 열주랑)가 있었으며, 그 모습은 아테네의 아고라에 면해서 세워진 복원된 아탈로스Attalus의 스토아를 통해 잘 알 수 있다. 안쪽의 협소한 실은 그다지 눈에 띄지 않지만 두 줄의 열주랑은 언제 방문해도 좋은 공간감을 준다. 강렬한 여름의 태양을 피하여 이 그늘에 들어서면 깊은 안도감을 느끼고, 차가운 겨울비가 부슬부슬 내릴 때에도 이 처마 밑은 편안하기 그지없다.

열주가 늘어선 방향으로는 깊이가 있어서 지금이라도 바로 카메라를 들이대고 싶은 멋진 공간을 발견할 수 있다. 다시 말해 한 폭의 그림처럼 보인다. 또한 내부에서 열주 사이로 광장을 보면 광장과 건물의 관계가 대조적이어서 밝은 광장의 풍경이 액자 속의 애니메이션처럼 보인다.

이 열주랑은 길게 연속되어 열주로 완전히 둘러싸인 중정 中庭을 이룬다. 로마의 포럼forum과 같은 공간이 형성된다고 해도 좋을 것이다. 이 방식과 정반대로 만들어지는 것이 기둥으로 둘러싸는 형식의 그리스 신전이다. 신전의 역사, 신전건축 평면의 변천을 보면, 정면의 기둥이 두 개인 것부터 시작되어 전면이 모두 기둥으로 되며 이것이 주위를 한 겹으로 둘러싸고 더 나아가 이중의 열주가 된다. 전면과 후면의 기둥 열도 증가한다. 아무튼 주위에 열주랑으로 에워싸인 공간이 있고 내부에 성역이 보호되어 있다.

포럼의 열주랑은 이 방식과 정반대다. 중심에는 아무것도 없고 주위에만 기둥이 놓여 있다. 이 기둥열은 주위 건물의 정면으로 장식된 것이지만 너무나도 중심의 광장을 위주로 세워져 있다. 이러한 포럼의 예는 이미 지적한 에페소스와 페르가몬에 남아 있다. 그 어느 사례나 모두 사각형이다.

포럼의 형태로 아주 흥미로운 사례는 게라사의 달걀형 포럼이다. 십자형

아테네, 아탈로스의 스토아

으로 교차되는 열주가로列柱街路의 한쪽 끝이 도시의 성문 방향으로 뻗어가는 도중에 포럼이 형성되어 있다. 계란형의 광장과 가로가 어색한 각도로 교차하기 때문에 그 반은 열주로 둘러싸여 있다. 광장에는 돌이 깔리고 그 주변은 한 단 높다. 즉 보도와의 경계에 기둥이 놓여 있는 것이다.

직선 가로의 경우, 기둥은 중앙과 양측의 폭이 약간 좁은 부분 사이에 놓이지만, 도로 양측의 건물로부터 처마가 튀어나온 듯한 아케이드 부분은 각 건물에 대응한다. 그렇다면 계란형 포럼의 경우에는 어떤 모양의 건물이 주위를 둘러싸고 있었을까? 전체를 둘러싸는 계란형의 건물이 늘어서 있었던 것 같지는 않다. 게라사의 포럼에는 주두가 갖추어지고 아키트레이브가 굴곡져 있다.

로마의 식민도시는 그 기본이 십자형으로 교차하는 가로 즉, 동서로 뻗은 데쿠마누스Decumanus와 남북으로 달리는 카르도Cardo로 구성되어 있다.

게라사

주축이 되는 이 가로는 폭도 넓으며 양측에 열주가 놓여 있었다. 사막에 남아 있는 팔미라의 유적에서는 이 기둥의 매우 아름다운 사례가 발견된다. 천 년을 넘게 모래 바람을 맞으며 기둥의 밑둥은 깎이고 움푹 패여 있지만 시가지 밖에 있는 언덕 위에서 시가지를 바라보면 남아 있는 무수히 많은 기둥이 마치 바늘의 산인 듯한 경관을 이룬다. 저녁이 되어 하늘이 검붉게 물들면 시커먼 기둥의 그림자는 먼 옛날의 영화를 숨기고 있다.

시리아의 다마스쿠스에는 현재의 중심부에 남아 있는 구시가지, 즉 로마시대부터 시내였던 곳에 우마이야 모스크Umayyad Mosque로 가는 참배도로처럼 열주가 남아 있다. 다만 이슬람 도시는 로마 도시의 가로처럼 투과해 볼 수 있는 구성이 아니기 때문에 남아 있는 기둥의 모습을 상점가 내부에서 보기는 어렵다. 상점가가 끊기면서 모스크에 들어가기 직전이 되어서야 열주가로였다는 것을 다마스쿠스에서는 알아챌 수 있었다. 이슬람 도시는 이처

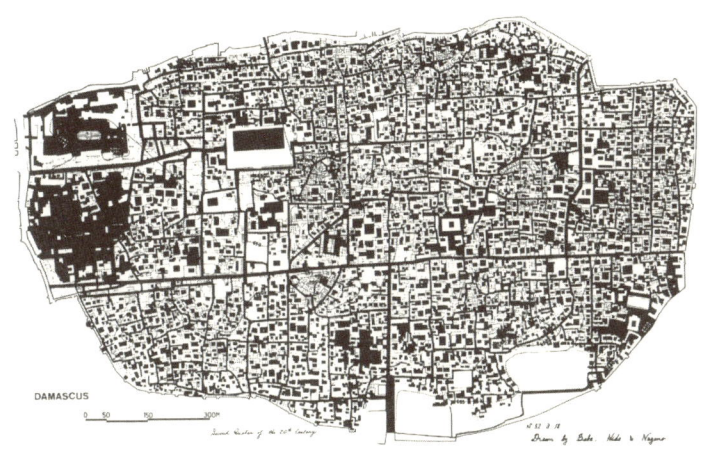

다마스쿠스 도로망

럼 로마 도시를 변모시켰다.

또한 시리아의 아파메아Apamea는 현대의 이슬람 도시와 떨어진 곳에 자리잡고 있었기 때문에 대로가 옛날 그대로 남아 있다. 터무니없이 넓은 도로와 직교한 몇 개의 도로가 갈비뼈처럼 꼬챙이로 꿰듯이 엮여 있다. 이곳의 열주는 규모도 크고 도로에 면하는 건물의 벽면도 2층까지 남아 있다. 도로폭도 넓으며 기둥도 높다. 예루살렘에서는 옛 가로를 발굴해서 일부를 복원하고 있었다. 이것을 보면 보도와 차도를 구분하는 현대 우리들의 감각과 달리 상점이 앞부분으로 튀어나와 있는 모습이 기본적으로 아테네의 아탈로스 스토아의 긴 복도와 유사하다고 할 수 있다. 아마도 건축비뿐만이 아니라 유지관리도 도로에 면한 집들이 부담해야 했을 것이다.

열주가로 그 자체는 터키의 에페소스에도, 페르가몬의 아스클레피우스의 접근로에도 독립된 사례가 많이 있다. 또한 레바논의 티레에서도 쓰러진 열

다마스쿠스

아인자르

주를 다시 세우고 있었다. 물론 이러한 열주들은 동지중해의 고전·고대 도시뿐만 아니라 이집트와 북아프리카의 로마 도시, 그리고 이탈리아 본토에서도 수없이 볼 수 있다.

　열주 중에 약간 다른 모양의 사례를 들어보면 팔미라에 팔걸이 모양이 붙어 있는 기둥이 있다. 이 가로대 상부에 인물상이 놓여 있었다고, 또는 야간 조명을 위한 램프나 횃불을 놓았던 곳이 있었다고 알려져 있지만 연기 흔적이 남아 있지 않은 점으로 보아 밤에도 낮과 같이 빛을 밝혔다는 추측은 팔미라에 대해 지나치게 찬미하는 것인 듯하다. 또한 인물상이 놓여있던 곳치고는 받침대가 너무 작아 보인다.

　도시 전체가 잘 보존되어 있는 예로는 레바논의 아인자르가 있다. 정방형의 성벽이 도시 주위를 둘러싸고 있으며 중앙의 성문으로 들어가면 열주가로가 일직선으로 뻗어 있다. 도로 양측 건물의 칸막이도 잘 보존되어 있다.

재미있는 것은 도시 중심의 도로가 교차하는 곳으로, 탑문塔門이라 불리는 것이 세워져 있다. 굽은 모퉁이에서부터 조금 안쪽으로는 네 개의 초석 위에 각 기둥이 세워져 있다. 주도로가 만나는 중요한 곳에 잘 어울린다. 이러한 문은 제라시Jerash와 팔미라에도 남아 있다.

아인자르는 이슬람 초기의 도시이기 때문에 건설 시기를 따져 보면 고전·고대의 도시라고 말할 수는 없다. 하지만 도시 건설, 건축 기술의 측면에서는 헬레니즘 문화의 성과를 이어받았다고 할 수 있다. 따라서 도시의 구조는 완전한 로마 식민도시의 모습이다.

탑문은 도시의 성문이나 기념문과는 다르다. 어디까지나 가로를 구성하는 한 요소라고 할 수 있다. 제라시의 경우에는 이 탑문 때문에 모퉁이를 도는 것이 어려웠다. 이러한 점에 비추어 볼 때 이 문은 도시의 시각적 구조를 위해 놓인 것이라고 할 수도 있다.

가로를 돌로 포장하는 방법

열주가로는 포장되어 있다. 두꺼운 장방형의 석판으로 덮여 있다. 로마 도시의 경우에는 하수도 시설도 정비되어 있었기 때문에 어떤 도시에서는 포장된 돌들 사이에서 하수도 맨홀의 손잡이가 발견되기도 한다. 돌을 포장하는 방법으로는 대략 세 가지 방법이 관찰된다. 우선 첫째는 가로 방향에 직각으로 줄눈이 나 있다. 장방형 모양의 석재가 주로 사용되었고, 그 길이는 일정하지 않아서 불규칙한 이음매가 있지만 폭은 일정하여 긴 방향의 줄눈이 도로를 가로지른다.

현대 건축에서 가장 쉽게 생각할 수 있는 이러한 포장방법은 사실 그다지 예가 많지 않다. 오히려 비슷한 포장 방법이지만 줄눈이 나 있는 방향이 가로의 축선과 사선으로 되어 있는 경우를 흔히 볼 수 있다. 특히 도로의 중심 부

게라사 열주가로

델피, 폴리그날 벽체와 포장석

델피, 열주가로와 시문

분, 열주 사이의 한 단이 낮은 곳에서 종종 발견된다. 그 이유에 관해서는 많은 의견들이 있지만 아마도 도로의 사용 방법과 관계가 있을 것이다. 왜냐하면 건설 방법의 측면에서 보면 직각으로 맞추는 것이 쉬운 방법일 듯하기 때문이다. 유적에 남아 있는 돌 포장은 상당히 파손되어 있다. 모서리는 둥그스름해지고 돌이 들쑥날쑥하다. 걷기 힘들 것처럼 느껴지지만 지금 사람의 걸음으로는 포장 방법의 차이를 느낄 수 없다. 하지만 마차나 말이 끄는 썰매로 짐을 운반할 경우에 커다란 장애가 될 것이다. 이러한 어려움 때문에 사선으로 돌을 포장하는 방법이 고안되었을지도 모른다.

셋째는 폴리그날Polygonal이라 불리는 방법으로 난석亂石깔기다. 돌을 쌓아 나갈 때에도 상당한 연구가 필요하지만, 속 채움으로 조정할 수 있는 방식이라는 점을 고려한다면 돌담과 벽에 더 쉽게 적용되는 방법이다. 도로면에서는 지면을 다지는 방법과 밀접한 관계가 있으며 완공된 후부터는 강한

에페소스, 스테이트 아고라로 가는 길

힘이 가해진다 해도 돌이 움직이면 곤란하기 때문에 돌들이 움직이지 않도록 마무리되지 않으면 안 된다. 시공방법이 그렇게 어려운데도 한군데 찾았는데, 에페소스의 스테이트 아고라 (고지대 아고라)로 가는 비탈길이 이러한 포장 방법이었던 것 같다.

가로구획과 건축 공간

이제 가로에 면해 있는 부분을 관찰해 보자. 앞에서 지적한 것처럼 열주 뒤편에는 작은 방들이 줄지어 있다. 따라서 작은 입구가 많이 나타난다. 규모가 큰 가구로 지어져야만 하는 큰 공간은 공사 자체도 힘들지만 사용하기에도 불편한 점이 많다. 적당한 크기의 방이 여럿 있는 것이 더 유용하다.

폼페이를 방문한다면 이러한 모습을 잘 볼 수 있을 것이다. 상당히 커다란 저택이라도 그 외측에 작은 실들이 붙어 있다. 주택의 기본적인 구성은 중정

두라 에우로포스

을 중심으로 전개되기 때문에 건물 외부와 등을 돌린 모양새가 된다. 이 주택과 등을 맞대고 작은 방들이 늘어서 있기 때문에 결과적으로는 가로에 면한 상점들이 형성된다. 상점이 줄지어 있느냐의 여부는 도시의 성격, 가로구획상의 위치에 의해 결정된다. 주택이 위주인 곳에서는 상점이 없고 주택의 벽이 마치 담처럼 연속된다.

입구가 중앙에 하나 있고 그다지 크지 않은 방이 늘어서 있는 모습은 아인 자르에서도, 유프라테스 강에 면한 로마 도시 두라 에우로포스Dura Europos에서도 발견된다. 보는 방법에 따라서는 공공건축도 주택과 비슷한 체계로 가로와 나란히 이어진다. 다시 말하면 입구가 비교적 작아 눈에 띄지 않지만 중앙으로 들어가면 각각의 규모에 알맞은 공간이 전개된다. 앞서 지적했듯이 건축적 측면에서 보면 내부적인 공간으로서 단위 공간들이 각각 독립되어 서로 간섭하지 않으며 접하고 있다. 이러한 공간들이 연속되어 있는 것이

가로街路라고 할 수 있다. 이런 차원에서 로마 도시의 열주가로는 중요하다.
 계속해서 그리스, 로마 도시의 가로가 서로 결합된 시설을 살펴보자.

겨루는 장소

그리스·로마 건축은 누가 뭐라 해도 신전으로 대표되지만, 신전을 중심으로 형성된 신역에는 보고寶庫 외에도 신에게 바치는 제사의 하나로 경기競技가 빠지지 않았다. 또한 신에 대한 의식과 관계가 깊은 샘물이 있다. 이 샘물은 동시에 경기와도 관련되어 로마 건축의 복합화, 나아가 그 기능의 분화에 따라 욕장浴場으로 발전된다. 우선 사람들이 그 육체를 겨루었던 시설을 살펴보자.

 그리스의 신역을 과연 도시라고 부를 수 있을지 모르겠지만, 올림피아 신역과 델피 신역이 그 대표적 사례다. 두 곳 모두에는 신전 몇 동이 서 있고 여기에 그리스의 각 도시로부터 받은 공납을 저장하는 보고가 줄지어 있다. 그 형태는 소형 신전의 모습이지만 올림피아 신전에 접하여 거대한 스타디온 Stadion이 건설되어 있다. 폭은 50m 정도이고 길이는 200m를 넘는다. 객석의 스탠드를 어디까지 생각하느냐에 따라 다르지만, 산의 경사를 이용하여 건설되어 있기 때문에 보는 각도에 따라서는 조금 더 넓은 범위에서도 관전할 수 있다. 경기가 이루어지는 영역은 한쪽 끝은 직선이고 다른 한쪽은 반원형으로 된 매우 긴 평면이다. 스타디온은 길이로 보면 확실히 단거리 경주를 위한 시설이라 할 수 있지만 후대의 히포드롬(Hippodrume, 마차경기장)과 키르쿠스(Circus, 전차경기장)로 파생되는 시설의 원형일 것이다.

 올림피아의 헤라 신전과 제우스 신전이 있는 신역은 거대한 기둥의 단편들이 원통형 모양으로 여기저기 겹겹이 쌓여 있다. 원래 오래된 그리스 신전의 기둥은 높이에 비해 두껍고 짜리몽땅한 인상을 주는 편인데, 이렇게 둥글

올림피아, 스타디온의 입구

게 잘려지면 그 느낌이 더욱 강조된다. 동쪽에 있는 터널 같은 입구가 스타디온과 연결되는 장소이며, 경주로 끝의 제방 밑을 지나서 들어간다.

델피의 스타디온은 신역 위쪽에 있다. 반드시 수평면이어야 하기 때문에 급한 경사면에서는 등고선을 따라 건설된다. 따라서 한쪽은 산이 되고 객석도 자연의 지형에 따라 형성되지만, 반대쪽은 역으로 경사가 진다. 이러한 예는 다른 도시에서도 종종 볼 수 있으며 시대가 흐르면 신역의 아래쪽은 인공적인 대규모 구조물이 된다.

프리에네에는 시가지의 제일 아래쪽 끝부분에 있었다. 복원도에는 훌륭한 경기장소로 둘러싸인 모습으로 그려져 있다. 동일하게 페르가몬의 김나지움 Gymnasium에도 급한 경사면에 요즘 말하는 인공지반이 만들어졌다. 아래의 입구는 계단을 갖춘 탑문이다.

아에자니의 스타디온은 평지에 만들어져 있지만 앞에서도 소개한 것처럼 극장과 하나로 되어 있다. 거의 흔적이 남아 있지 않으며 객석도 붕괴되어 있지만 중앙부에 사각형의 계단식 좌석이 만들어져 있었는지 이 부분만이 한 단이 높여져 원래의 형상이 조금 남아 있다.

에페소스에는 규모가 큰 김나지움이 있다. 이 김나지움에는 욕장도 부설되었으며 그 옆에는 중정식의 화장실이 거의 완전한 모습으로 남아 있다. 장방형의 평면 중심에 정원이 배치되어 열주로 둘러싸여 있다. 그 둘레의 회랑을 향하여 벤치식의 변기가 사방의 벽에 붙어 있다. 변기에는 둥근 구멍이 있고 그 아래에는 깊은 도랑이 있다. 말하자면 수세식 화장실이었던 것이다. 의자 앞의 바닥에는 얕은 도랑이 있지만 세면기로 사용되지는 않은 듯하며 그 용도를 알 수는 없다.

아프로디시아스는 아주 거대한 도시이며 중심부의 도시 성벽만으로도 300~500km나 된다. 그 면적은 520ha(5.2km^2)에 달한다. 이 거대한 유적의 중심에서도 첫눈에 보이는 건물은 스타디온이다. 타원형의 외주부에 설치된 계단식 좌석이 몇 겹으로 겹쳐 있어서 인적이 전혀 없는 한낮에도 무언가 기하학의 세계에 빠져 버린 착각을 느끼게 한다. 장축 상에서 반대편을 바라보면 양측의 평행선이 투시도법에 따라 멀리 있는 초점을 향하고 있는 것을 잘 알 수 있다. 이 스타디온은 현재 상태로는 지면에서부터 깊이 파내려가 있어서 제일 아래쪽 경기장 출입구는 마치 지하로의 관문처럼 보인다.

히포드롬은 로마 시대에 접어들면서 활발하게 건설되었다. 스타디온과 비교하면 현격히 크다. 스타디온이 인간의 경주장인데 반하여 히포드롬은 마차경마장이기 때문에 당연하다고 할 수 있다. 그래도 키르쿠스와 비교하면 히포드롬은 또한 소규모이기 때문에 그리스와 로마의 시설이 굉장히 다양했던 것에 감탄하게 된다.

히포드롬의 비교적 온전한 모습은 레바논의 티레에서 볼 수 있다. 이곳에

아스펜도스의 수도교

서도 경기장의 중앙부에 해당하는 부분의 좌석이 잘 복원되어 있다. 경기장의 가장자리에서 바라보면 정신이 아찔할 정도의 스케일이다. 지중해의 푸른 하늘을 배경으로 스탠드에 서 있는 기둥의 선명하게 각인된 모습은 그야말로 지구에 태어난 인간과 자연과의 접점을 보는 듯하다고 말할 수 있을 정도다.

물을 찾아서
가로 다음으로 빼놓을 수 없는 것은 누가 뭐라 해도 물이다. 지금은 가로의 하부에 수도와 하수도가 부설되어 있지만 수도가 발달한 로마 도시에서도 물의 공급은 공적인 시설에 한정되어 있던 듯하다.
 아테네의 아크로폴리스를 방문한 사람은 우선 그 상부가 장식된 많은 아름다운 건축물에 감격하지만, 이곳이 사람들의 피난처이기도 했다는 이야기

에페소스 김나지움의 화장실 유적

를 들으면 바로 물의 문제를 어떻게 해결했을까를 궁금해 할 것이다. 우리와 다르게 유럽은 겨울이 우기이므로 여름의 강렬한 태양 아래에 바싹 마른 바위산 같은 아크로폴리스 언덕에서는 물의 이미지가 전혀 떠오르지 않는다.

 이런 높은 언덕 위에서는 전혀 불가능한 얘기인 듯하지만 급한 벼랑의 밑부분을 조금만 파내려 가면 물이 스며 나온다. 언덕 위에서부터 깊은 우물을 파서 비상시에 대비한 듯하다. 아고라 쪽에 있는 이러한 오래된 우물은 잘 알려져 있으며, 이와 비슷하게 반대편에 위치한 디오니소스 극장 쪽에도 물이 스며나오는 성스런 장소가 있었다. 말하자면 성지와 물은 끊을 수 없는 관계인 것이다. 아테네의 아고라에는 우물의 유적뿐만이 아니라 배수구도 볼 수 있다. 델피에서는 신전의 동쪽 끝, 바위산의 기슭에서 물이 솟아났었다. 이곳의 물을 신역의 아래로 끌어서 김나지움에 공급하고, 물을 폭포처럼 떨어뜨려 샤워했던 것 같다. 이러한 모양은 교토京都 키요미즈테라淸水寺의 무대

이스탄불의 지하 수조

아래에 있는 샘과 같은 모습이다.

신성한 장소와 마르지 않는 물의 관계는 어느 나라에서도 동일하겠지만 코린트Corinth의 페이레네 샘Peirene Fountain은 그 전형적인 형태로도 유명하다. 물이 지면에서 솟아나기 때문에 집 모양의 건물이 만들어져 있다. 이 점도 일본 각지에 있는 샘 앞의 사당과 같은 모습이다.

로마 도시에서는 분수가 매우 호화로운 고층 건물로 나타난다. 그 벽면은 로마 극장의 무대 배경을 꾸민 장식 모양과 같게 박공이 붙은 요철로 덮여 있다. 복원도에 따르면 물이 몇 단으로 떨어져 내리기 때문에 마치 현대의 캐스케이드cascade와 비슷했을 것으로 추측된다. 이러한 모습은 지금의 로마 시에 있는 트레비 분수Fontana di Trevi를 통해서도 상상할 수 있을 것이다.

에페소스의 트라야누스traianus 님파이움Nymphaeum에는 일찍이 대규모 건축물을 구축하고 있었을 부재들이 중간이 생략된 상세도처럼 조립되어 있

로마 트레비 분수

 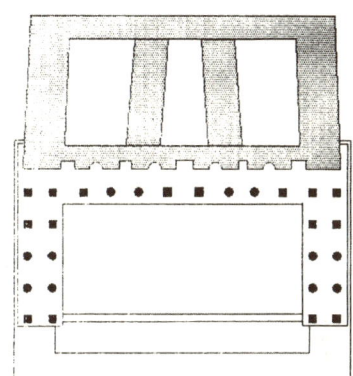

밀레투스 님파이움(님프 신전) 복원도

다. 에페소스에는 이 밖에도 1세기의 히도레이온이 있다.

바알베크의 유피테르(제우스, 주피터) 신전은 장대한 구성 자체도 멋지지만 그 앞뜰에는 샘물이 있으며 장식물도 의외로 아름답다. 대리석에 조각된 형상이 인물과 화초인 점으로 미루어 볼 때 고전 고대인들의 인식적 대상이 무엇이었는지 알 수 있다.

그 밖에 물과 관련이 있는 대규모 건축물의 사례로 수도교水道橋가 떠오른다. 이 수도교는 로마 지도의 여러 곳에서 볼 수 있으며, 아스펜도스에도 남아 있다. 고저차가 있는 지형에 일정한 경사로 물을 끌어들이는 기술이 발달하여 수원의 위치에 상관없이 도시를 건설하는 것이 가능했다. 끊임없이 흘러오는 물 덕분에 도시 번성의 기반이 다져졌으며 도시로 유입된 물은 저수지에 저장된다.

콘스탄티노플, 현재 이스탄불의 지하 저수조는 지금도 충분한 물을 저장

바알베크 사각형 앞뜰의 연못가

하고 있다. 여러 곳에 깊은 저수조가 있으며 그 천장은 볼트로 덮여 있다. 그러나 열주가 늘어선 지하 저수조는 그다지 눈에 띄지 않았다. 그리고 유럽 각지에 남아 있는 수도교에서도 장식적인 기둥의 예를 보았던 기억이 없다. 이러한 의미에서 수도교를 지지하는 교각은 도시를 장식하는 원주와는 완전히 다른 차원의 요소라 할 수 있다.

Ancient
Architecture

4

장소를 빛내는 요소 – 기둥과 문

아테네, 프로필라이아에서 바라본 니케 신전

그리스의 프로필라이아가 지니는 역할

역사적으로 서구의 도시와 일본의 도시를 비교할 때 많은 사람들은 도시 성벽의 유무로 그 대표적인 차이점을 지적한다. 서구의 도시는 성벽에 둘러싸여 있고 출입은 문에서 통제되었다. 그러나 이러한 차이점은 중국이나 중동의 도시와 일본의 도시를 비교할 때도 발견될 수 있기 때문에 그리스나 로마 도시에 고유한 것은 아니며 더욱이 이집트와 메소포타미아의 문화까지 거슬러 올라갈 수 있다.

그리스 시대에 세워진 성문이 남아 있는 사례는 드물지만, 로마 시대에 들어가면 도시의 성문 이외에 개선문, 기념비 등 종류도 많아지며 많은 사례가 남아 있다.

우선 그리스의 대표적인 예로서 아테네의 아크로폴리스 입구를 보자. 경사가 급한 벼랑의 높은 언덕 끝자락에 위치하며 마치 요새처럼 프로필라이

아테네 프로필라이아

아propylaea가 우뚝 솟아 있다. 그러나 이 건물에 들어가면 아래에서 올려다 보았던 위압감은 사라지고 오히려 기둥의 실루엣에 건축물이 가려졌다 보였다 하는 장면이 매력적이다. 옛날에는 지금처럼 보이지는 않았다고 하지만, 입구에서 보이는 파르테논 신전은 멋지다. 하지만 입구에서 뒤돌아서서 기둥의 실루엣 사이로 보이는 니케 신전이 훨씬 멋지다. 입구의 오른쪽을 지키도록 정해져 기단 위에 독립되어 서 있는 이 신전은 자체의 규모는 작지만 영향을 주는 공간의 범위는 예측할 수 없다.

이 입구를 기준으로 보면 아테네의 아크로폴리스는 좌우 대칭이 아니다. 프로필라이아의 오른쪽에는 니케 신전의 기단이 튀어나와 있다. 이러한 기본적인 구성은 페르가몬의 도시 상부에 위치한 제우스 제단으로 이어지지만 이곳의 구성은 좌우의 끝부분이 기단과 그 위의 열주로 구성된 격조 높은 좌우대칭의 구성이다.

안탈리아의 성문

프로필라이아 주변에서는 기둥들이 다양한 모습으로 연출됨으로써 그 아름다움이 배가된다. 입구 바로 앞에 펼쳐지는 도릭 양식의 장중함은 기둥과 벽 사이로 보면 한층 돋보인다. 그리고 건물의 안쪽 주변에 서 있는 이오니아 양식 기둥의 주두와 주초가 전체의 가늘고 긴 비례와 조화를 이룸으로써 공간의 영역성을 강조하는 데 매우 중요한 역할을 하고 있다. 같은 이오니아 양식의 기둥이지만 니케 신전을 전체적으로 볼 때의 기둥과, 벽 사이로 하나만 놓인 모습을 볼 때의 기둥 사이에는 커다란 차이가 생기는 것을 알 수 있다.

기둥이 지니는 이러한 강력한 힘은 건물의 하중을 지탱하여 대지로 전하는 역할 이상으로 기둥 주변이 비어 있음으로써 사람들이 그곳을 통과할 수 있고, 기둥 사이로 보이는 장면 또한 사람들의 마음에 커다란 영향을 준다는 것이다. 그리스 프로필라이아는 문 자체가 독립된 형식을 지니고 있다기보다는 신전과 공존하는 형식 가운데에서 각 부재의 표정이 다르게 보인다고 할 수 있다.

　로마 시대의 안탈리아 도시 성문은 하드리아누스 황제 시대의 문으로서 화려했던 옛 모습대로 복원되어 있지만 지면의 위치가 옛날과 크게 바뀌었기 때문에 지금은 돌계단을 내려가서 문을 통과하고 다시 계단을 올라가지 않으면 안 된다. 문은 세 개의 아치로 구성되어 그 전면에 기둥이 네 개 서 있다. 주두의 양식은 가장 화려한 콤포지트 양식이다. 하얗고 매끄러운 주신(柱身, column)은 여러 겹을 이루는 주초(柱礎, base)의 원형 테두리 위에 서 있으며 더욱이 오더 전체가 주각(柱脚, pedestal) 위에 설치되어 있다. 장식이 가해진 아키트레이브는 벽면에서부터 분리되어 세워진 기둥 위로 커다랗게 돌출되고 코니스가 강조되어 있기 때문에 기둥은 더욱 가늘고 길게 보인다. 그리고 이 기둥이 상부를 지지할 필요가 없다는 것도 분명하게 보여 준다.

원통형 기둥의 역할

이 문과 비교하기 위해서라면 도시의 성문이 아닌 단순한 신전의 입구이지만 에페소스의 하드리아누스 신전의 정면이 적당할 것이다. 처음부터 이러한 조합이었는지 확실히 알 수 없지만 이 건물에는 아치형의 박공면과 그 양옆의 잘려진 페디먼트broken pediment가 매우 훌륭하게 구성되어 있다. 중앙의 두 개가 원주이고 양옆은 각주이며 안쪽의 장식된 판에 의해 아치에는 깊이감 있는 리듬이 강조되어 있다. 구성의 핵심이 되는 요소는 역시 기둥이며, 원형 기둥에 의해 완성되었다고 말해도 좋을 것이다.

　누구나 당연하게 여기는 점이지만 도릭과 이오닉 양식의 기둥처럼 비교적 단순한 기둥의 주신에는 홈이 파여 있다. 이에 비해 화려하게 장식된 콤포지트 양식의 기둥은 비교적 단순한 원통형이 주류를 이룬다. 이러한 차이는 아마도 기둥을 어떤 의미로 사용했을까라는 기본적인 의문과 깊은 관련이

알라한 모나스티르의 벽

있을 것이다. 결론적으로 말하면 독립되어 서 있는 건축의 표층 장식으로는, 즉 건축을 중심으로 외부에 은근하게 영향을 주기에는 홈이 패 있는 기둥이 적합하다. 굳이 말하자면 파도 같은 무언가가 기둥 주위에 생기는 듯하다. 그렇다면 원통 기둥은 어디에 유용할까? 아마도 건축물이 연속될 때 그 연결부분에 세우기에 적합한 기둥은 원통형 기둥이었을 것이다.

게라사의 대로에서 성당으로 진입하는 영역에는 출입구가 세워져 이곳을 통해 계단을 올라가도록 되어 있으며 대로와의 경계에는 거대한 원주가 서 있다. 또한 암만의 예를 든다면 복원된 포럼은 극장의 로비와 같은, 또는 현관 로비와 같은 공간이라 할 수 있다. 이 회랑의 기둥 또한 원통 기둥이다.

이것과 전혀 다른 예로 알라한 모나스티르의 외벽에 아름다운 악센트를 주는 두 개와 네 개로 연속되는 아치를 보자. 이 아치들은 마치 창문과 같은 형태로 만들어졌지만 이곳에도 원통형의 단순한 기둥이 어울린다. 또 하나의 예를 든다면 흑해에 면한 트라브존Trabzon 소재 성 수피아이 기둥은 정밀로 효과적 역할을 한다. 이 기둥은 네 귀퉁이의 작은 아치와 중심의 돔을 지지하는 커다란 아치의 교차점에 서 있으며 그 상부 벽의 규모에 비하면 너무도 빈약한 기둥이지만, 단순한 원통형에 상부와의 경계를 조금 복잡한 주두로 장식하는 것만으로 돔을 포함한 연속된 구조체와 기둥이 전혀 별개의 역할을 하는 점을 명확하게 드러내 준다. 마치 연속된 벽면이 부풀어오른 부분을 내부에서 잡아당기는 긴장된 실처럼 보이며, 이곳에서는 홈이 없는 형태가 어울린다.

주두와 기둥에 새겨진 홈의 의미

그러면 그리스부터 로마에 걸친 신전의 기둥을 조금 되돌아보자. 신전 중에도 거대 신전으로 꼽히는 사르디스 신전에는 미완성된 기둥 두 개가 그 상부

사르디스 체육관

에 주두를 얹고 서 있다. 그 이외의 기둥은 파괴된 것인지 아닌지 모르겠지만 그것의 케르라와 비슷하게 중간까지 돌이 쌓여진 채 놓여 있다. 현재 서 있는 기둥에는 홈이 새겨져 있지 않지만 지면에 놓인 이오니아식 주두의 하부에는 홈이 새겨져 있다.

사르디스에는 미국의 고고학자들에 의해 체육관의 복원공사가 진행 중이었으며, 우리가 방문했을 때에는 정면을 장식한 두 층의 열주랑이 중정에 면하도록 고안되었으며 기둥에 홈이 새겨져 있지는 않았다. 아마도 이러한 방식으로 기둥을 사용할 때에는 홈 없이 원통 그대로 만들어졌을 것이다.

사르디스에서 멀지 않은 디디마에도 거대한 신전이 있다. 케르라 주위의 벽은 높게 쌓여 있으며 이곳에서는 이중으로 둘러싼 기둥과 프로나오스 (pronaos, 전실)의 거대한 기둥이 사람들을 압도한다. 이곳 프로나오스에서는 거대한 코린트식 주두와 깊게 홈이 새겨진 거대한 주신을 가진 기둥 두 개

디디마의 아폴로 신전, 기원전 310~313년부터 2세기에 걸쳐서 건설되었다. 프로나오스(전실)의 거대한 기둥의 집합은 이집트의 신전을 연상시킨다. 현재 남아 있는 주초에는 훌륭하게 조각된 홈 하단의 마무리 처리까지도 완성되어 있다.

를 볼 수 있다. 그러나 전면의 기둥에 남아 있는 주두는 이오니아식으로 홈이 새겨진 기둥의 위에 서 있다. 즉 그리스 사람에게 이 홈은 빼놓을 수 없는 요소이며, 정면의 기둥은 1세기 것이므로 그 무렵까지 조각은 계속되고 있었다는 점을 알 수 있다. 한 가지 덧붙이자면 디디마에서도 스타일로베이트Stylobate, 즉 신전의 초석에 위로 돌출한 곡면이 붙어 있다. 그 만곡의 정도는 좌우가 조금 다르지만 그리스 사람들의 감각이 밖으로 향했으며 밖에서 보여지는 것을 염두에 두고 있었다는 증거일 것이다.

기둥에 해가 비추면 기둥은 외부 세계에 무언가를 말하려는 의지를 표현한다. 이오니아 해안의 도시 프리에네의 아테나 신전에도 다섯 개의 기둥이 서 있다. 이 기둥들도 결코 가늘지는 않으며, 주두는 이오니아식이다. 이 주두를 바라보고 있으면 기둥의 비례, 높이와 직경과 새겨진 홈이 불가분의 관계였다는 것을 알 수 있다. 두꺼운 기둥을 가늘고 길게 보이게 하는 것이 새겨진 홈의 기본 역할이었던 것이다. 기둥을 원통형으로 할 것인지의 여부는 사용된 석재의 종류, 강도에 의해 결정되며 기둥의 구조적인 의미에 따라서도 변해 왔을 것이다. 또한 로마 시대에는 거친 석재 표면을 스터코로 마무리 하였기 때문에 원통형 기둥의 필레Filet, 즉 주름이 나중에 덧붙여졌으리라는 것도 충분히 예상된다. 이와 같이 주두에 따른 분류보다 오히려 새겨진 홈의 유무에 따른 기둥의 처리 방법에 커다란 차이점을 두는 것도 유익하다 할 수 있다.

신전의 정면을 장식하는 굵은 기둥은 별개로 하고 몇 개의 가늘고 작은 기둥에서 디자인 차원의 흥미로운 점을 찾아보도록 하자. 페르가몬의 도시 상부 아래 부분에 위치한 김나지움에는 직선 경주로가 있다. 이곳은 좁고 긴 공간으로 기둥이 줄지어 있던 듯하다. 벽에서 조금 떨어져 서 있는 기둥은 가늘뿐만 아니라 그 단면 모양이 타원이다. 완전한 타원이라기보다는 끝부분이

페르가몬, 김나지움의 기둥

원형을 이루는 장방형이다. 이 기둥에는 여러 줄기의 홈이 새겨져 있다. 이 기둥과 유사한 사례로는 아테네에 복원된 아탈로스의 스토아* 2층 창에 세워진 기둥이 있다. 벽에 붙어 있는 기둥 같은 느낌이다.

기둥에 새겨진 홈에 관해서는 펠로폰네소스 반도 중심부에 위치한 산의 최정상부에 있는 바사에의 아폴로 신전 기둥을 언급하지 않을 수 없다. 케르라의 안쪽에는 신전 벽에서 짧은 벽이 튀어나와 있다. 그 끝단은 둥그렇게 되어 있지만 원호로 되는 부분부터는 벽에 홈이 새겨져있어 마치 기둥처럼 보이며, 더욱이 그 주초는 끝이 넓어지는 원형으로 되어 있고 그곳에도 홈이 세로로 새겨진 필레가 붙어있다.

이렇게 기둥이면서 벽 같이 처리하는 방법은 바사에에서 가까운 올림피

---

* stoa. 벽체가 없이 지붕과 열주로만 이루어진 개방적인 야외 열주회랑 형식의 건물. 시민 등의 토론, 집회를 위한 장소로서 그리스인들의 야외 생활의 중심적 역할을 함.

바사에, 아폴로 신전의 기둥

아 신전에서도 일찍부터 만들어진 듯하며, 입구에서 볼 때 그 효과는 벽이면서 마치 기둥이 늘어서 있는 것처럼 보였다.

이러한 형식의 기둥 중에 극단적인 사례는 바알베크에 있는 바카스 신전의 내부 구성이다. 코린트식 주두에 홈이 깊게 새겨진 기둥이 벽으로부터 마치 독립해 있는 것처럼 튀어나와 있다. 이러한 구성을 통해 로마 시대의 내부 공간이 완전한 외부였다는 점을 추측할 수 있다.

마지막으로 기둥에 새겨진 홈에서 당연히 궁금한 점은 홈의 갯수에 관한 것이다. 말하자면 홈의 깊이와 동시에 폭이 어떠한 관련성을 가지는가 하는 점이다. 기본적으로 기둥의 직경, 즉 굵기와 연관되지만 굵기가 같아도 홈의 개수는 일정하지 않다. 20개이기도 하고 32개이기도 하다. 더욱이 원주를 어떻게 나누었는지도 흥미로운 점이다. 예를 들어 28개라면 90°인 원주의 1/4 부분을 7등분하지 않으면 안 된다. 그리스 시대의 이러한 분할 방법과 로마

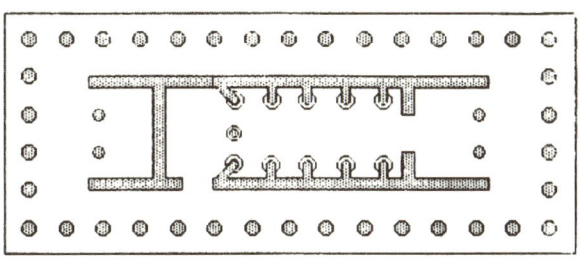

바사에, 아폴로 신전 평면도

건축의 분할 방법은 지속적인 연구 대상이다.

    마지막으로 기둥의 특수한 예로서 인신주人身柱를 들지 않을 수 없다. 옛날에는 하나만 모조품이었지만 지금은 전부가 교체되어 버린 에렉테움의 여상주女像柱는 잊을 수 없다. 또한 아파메아의 비틀린 기둥도 소개하고 싶다.

주두와 문의 아름다움

이제 문에 대해 한번 관찰해 보자. 차들이 빈번하게 오고가는 아테네 시가지 한복판에 하드리아누스 문이 서 있다. 반원형의 커다란 아치가 하부의 벽면에 뚫려 있으며, 벽의 양끝과 아치가 좁아지는 부분에 필라스터*, 즉 각주가 붙어 있다. 그 위에 네 개의 가느다란 각주와 아키트레이브가 있으며, 중앙의

---

* pilaster. 기둥을 벽에서 돌출시켜 부조한 벽기둥.

레사파의 성문

각 기둥에는 플루팅*이 붙은 원주가 첨부되어 있다. 전체적으로는 지금이라도 쓰러질 듯 얇다. 그러나 문의 기본적인 의미는 잘 알게 해준다.

이보다 시기적으로 1세기 정도 거슬러 올라가면 로마 시대에 아테네의 아고라에 지어진 서문西門이 있다. 이 문은 매우 단순명료한 도릭 양식으로 구성되어 있다. 이 문은 앞에서 지적된 문과 다르게 오히려 건물의 입구에 해당한다고 할 수 있다. 또한 이러한 의미에서 아크로폴리스의 프로필라이아와 공통점을 가진다.

도시 성문으로는 아소스 문이 방어적인 모습을 강하게 드러내고 있다. 네모진 탑처럼 생긴 성문이 높은 도시 성벽을 지지하고 있다. 페르게 문은 그 문탑門塔이 원형일 뿐만 아니라 그 문탑에 의해 둘러싸인 장소가 타원형으로

---

* fluting. 기둥에 새겨진, 둥근 단면을 갖는 수직홈.

니케아의 성문

되어 있다. 그 앞쪽의 비교적 폭이 넓은 열주가로와 타원의 입구 광장과의 관계는 당혹스러운 느낌을 준다. 파타라 성문은 상부가 깨져 떨어진 탓인지 하부의 연속된 세 아치만을 보고 있노라면 왠지 쓸쓸한 느낌마저 든다. 벽 위에 트리글리프*와 프리즈**가 놓여 있고 아치 사이에 사각의 니치***가 만들어져 있다. 중앙의 아치 상부에는 정방형의 창이 뚫려 있다.

 니케아에는 현재 지반이 높아진 상태에서 옛 성문이 사용되고 있기 때문에 눈 높이에 아치의 홍예 부분이 있어 친근한 낮은 문처럼 되어 있지만, 문이 이중으로 구성되어 있어서 둘러싸인 느낌이 잘 드러난다. 게르사에도 하드리아누스 기념문이 남아 있다. 문의 중앙 아치는 매우 크고 양측의 아치는

---

* triglyph. 도릭 오더의 프리즈 부분에 있는 것으로 두 개의 가운데 부분이 오목한 수직의 홈을 가지며 양단부에서는 그 수직홈이 반으로 잘려 나가 있다.
** frieze. 엔타블러처를 3등분(아키트레이브, 프리즈, 코니스) 하였을 때의 중간 부분.
*** niche. 장식을 목적으로 두꺼운 벽면을 파서 만든 움푹 들어간 곳. 벽감壁龕이라고도 함.

칼브 로제 교회당. 5세기 말에 건설되었다. 다듬은 돌〔切石〕을 쌓은 벽체, 밑에서 쌓은 커다란 아치가 내부를 구성하며, 외부의 벽체에는 작은 창이 다수 뚫리고 그 가장자리가 연속된 몰딩으로 장식되어 있다.

그 절반 정도의 크기다. 말하자면 완결된 형식을 갖추고 있는 셈이다.

    로마 기념문의 장대함을 보여주는 것은 테살로니키 Thessaloníki의 갈레리우스 Galerius다. 벽돌로 된 거대한 피어*에 두꺼운 돌을 굵은 선으로 파낸 부조의 군상으로 장식되어 있다. 그런데 로마 시대의 기념문 중에서 주변 맥락과 가장 잘 어울리는 것은 팔미라의 기념문이다. 문 그 자체는 그다지 깊이가 없는 얇은 벽 같지만 그 전후의 열주가 화려함을 더하고 있다. 이곳에서 열주가로의 축이 문을 경계로 휘어져 있다. 이 때문에 문을 경계로 경관이 크게 바뀌게 된다.

    시대가 흘러서 6세기 무렵, 이슬람 세력이 일어나기 얼마 전 시리아 사막에 레사파라는 도시가 건설되었다. 이미 동서로 로마제국이 나누어지고 비

---

* pier. (창)문과 (창)문 사이의 벽.

잔틴 문화가 싹트면서 처음으로 번성하기 시작할 무렵이다.

레사파는 사방이 도시 성벽으로 둘러싸여 지금도 성벽이 남아 있으며 그 성문은 정말로 아름답다. 벽면에서 아치가 튀어나와 얇은 니치를 형성하고 있으나, 원주와 아치의 접합부는 깊이 조각된 코린트식 주두로 장식되어 있다. 아치의 가장자리는 동일한 화초 문양이 연속되며 장식되어 있다. 이렇게 아름다운 연속문양은 칼브 로제에서도, 카라트 세먼에서도 벽면의 개구부 주위에서 볼 수 있다.

더 나아가 요르단의 남쪽, 사해의 계곡 끝에 위치한 페트라를 소개하지 않을 수 없다. 이곳은 로마 문화의 영향을 받은 나바티안Nabatean의 문화가 훌륭하게 번성한 상태를 보여주는 보고며, 원형 건물과 잘려진 페디먼트의 조합, 수직의 벼랑을 파내서 만든 건물 내부 모서리를 장식하는 기둥과 주두는 비할 데 없이 아름답다. 이곳의 기둥과 벽은 거대한 대지의 일부이기 때문에 대지 위에 세워진 건축과는 커다란 차이를 보인다.

이곳에서 발견되는 기둥은 일반적인 건축물에서 사용되는 기둥이 아니다. 대지 자체가 지지하고 있기 때문에 기둥은 장식에 불과하다. 장식이기는 하지만 이 기둥이 없다면 볼품없는 건축물이 되었을 것이다. 그리고 파라오의 보고에서는 섬세한 화초 문양이 가미된 콤포지트 주두가 발견되며, 한편 이곳과 떨어진 곳에서는 유사한 건축 형태를 기본으로 하고 있지만 코린트식이라고 할 수 없는 나바티안 문화 특유의 주두를 보여 준다.

페트라, 파라오 보고의 내부

Ancient
Architecture

5

죽은 자를 기리는 장소 – 무덤

석관에 나타난 그리스 문화의 유산

세계 어디를 가더라도 사람의 역사가 있는 곳에는 무덤이 있다. 태어나는 불가사의보다도 사후의 일이 살아 있는 인간에게 신비하게 여겨졌던 것이다. 현대에 와서도 정신적인 차원에서 사후의 일은 아직 해명되지 않았다.

사후의 세계를 장대한 우주적 규모로 조형한 것은 피라미드겠지만 조금 더 일상적인 모습으로 사후의 세계를 미화한 것인 무덤은 이곳 동지중해에서도 다양한 형태로 표현되어 있다.

그리스·로마의 고전 문화에 속한 무덤의 종류로 가장 많이 남아 있는 것은 그리스의 묘비와 로마의 석관일 것이다. 박물관을 방문하면 아름다운 조각이 새겨진 묘비가 늘어서 있어서 사랑하는 사람을 여읜 애석한 마음이 시간을 초월하여 전해져 온다. 하얀 대리석에 묘사된 미녀의 피부는 늙지 않고 지금도 탄력 있게 빛나는 듯하다. 또한 어린 아이를 잃은 부모의 슬픔을 애써 감추듯이 아이의 관에는 포동포동한 팔을 춤추듯 흔드는 천사들이 무리지어 노닐고 있다.

이스탄불 고고학 박물관에는 알렉산더 대왕의 석관이라 불리는 관이 있다. 시돈에서 발굴된 이 석관은 그 크기, 대리석 표면의 아름다움, 전체 구성, 조각 기술의 탁월함 등 그 어느 측면을 보아도 왕의 관에 적격이다. 설령 알렉산더의 진짜 관이 어딘가 다른 곳에 있다하더라도 그리스 문화가 만들어내고 더욱이 후세의 로마 문화에 계승되어 남아 있던 것이 이 안에 완전히 표현되었다고도 할 수 있다. 물론 그 석관에 그려진 정경이 알렉산더의 이야기이기 때문에 이 무덤이 대왕의 석관이라 불려지긴 하지만……. 인간의 관찰력과 상상력이 함께 작용하여 실재하는 것과 구성된 것이 일치되었다고 말할 수 있다. 이 석관은 기원전 330~320년경의 무덤이라 여겨지며 이것보다 조금 오래된, 아마도 여성의 관인 듯한 '한 많은 부인의 석관'이라 불리는 것

팔미라의 석관 덮개에 장식된 여인상 　　코리고스의 무덤 내부

도 같은 왕묘에서 출토되었다. 이 석관에도 이오니아식의 기둥이 여인상을 둘러싸는 하나하나의 프레임을 이루며 가지런히 놓여 있다.

리키아 풍의 주상석관과 마애묘

이오니아로부터 리키아에 걸쳐서 지금까지 보아온 것처럼 많은 고전 건축이 다양한 모습으로 남아 있지만, 특히 리키아에는 보기 드문 진기한 무덤이 남아 있다. 그것은 바로 리키아풍 기둥 모양의 석관〔柱狀石棺〕과 마애묘다.

　　험준한 바위산에 바람을 받으며 서 있는 기둥 모양의 석관을 파란 하늘을 배경으로 바라보고 있노라면 아름답기 그지없다. 영원성에 대한 하나의 상징이라 여겨진다. 크산토스에는 로마 극장 바로 옆에 기원전 5세기의 수평 차양이 붙어 있는 석관과 약 500년 후의 집 모양의 석관이 나란히 서 있다. 수직 기둥 모양의 석관의 경우 차양 아래에 부조된 하얀 석판이 끼워 넣어져 있

죽은 자를 기리는 장소　119

페르게, 어린이 석관 (안탈리아 박물관)

석관

다. 생각하기에 따라서는 그리스 신전의 프리즈에 해당하는 것이겠지만 차양은 삼단으로 튀어나와 있고 그 위에 아직 마무리되지 않은 돌기가 남아 있다. 기둥 하부의 석재도 들어올리는 데 사용되었다고 생각되는 돌출 부분이 남아 있다.

한편 집 모양의 석관은 시대는 다르지만 오히려 그리스 신전의 원형으로 알려진 목조 건축물을 석조로 똑같이 모방한 것 같은 형태다. 기둥과 보의 접합이 교창 양식과 같은 조합으로 되어 있다. 출입구 등에는 겹치지 않게 몇 겹으로 짜 맞춘 문틀이 하나의 장식처럼 처리되었다. 처마 끝 코니스는 옆으로 늘어서 있는 서까래의 끝단에서 유래되었다고 하지만 이 석관에서는 대들보라고 불리는 부재로 되어 있다. 다른 무덤에서는 도리 위에 대들보가 놓이고 그 위에 통나무 서까래가 놓여서 정면에서 보면 동그란 원형이 일렬로 나란히 보인다.

리키아의 석관은 카슈나 리마라의 경우처럼 집 모양을 하고 있다. 그 특색은 지붕이 마치 고딕 아치처럼 세로로 길고 뾰족하다는 점이다. 즉 둥근 지붕면을 형성하고 있다. 카슈의 석관은 기원전 4세기경의 것이라고 하지만 로마의 볼트 천장, 혹은 그러한 모양의 지붕에서 유래한 것이 분명하다.

이 석관은 로마 시대가 번성하기 이전의 건축물이기 때문에 모방이라든가 응용의 결과물은 아니다. 로마 시대 초기의 건축물이라고 해도 이처럼 중앙이 뾰족한 볼트 모양의 지붕을 지닌 것은 별로 들어본 적이 없다. 역시 직선적인 박공지붕에 만족하지 못하여 위로 돌출한 곡면을 붙였든지, 혹은 더 오래된 초가지붕의 형태를 그대로 옮겨놓았든지 둘 중의 하나일 것이다. 카슈의 지붕면에는 각각 두 마리의 사자상이 돌출하여 있다. 이 모습은 아마도 그리스 건축의 지붕 낙수구를 모방한 것으로 생각되지만, 초가지붕에는 붙일 리가 없으며 처마 끝이 아닌 지붕면의 장식이 아닌가 생각된다.

미라스 사당

리미라 석관

미라 마애묘

리키아풍 석관 (이스탄불 박물관)

카우노스의 마애묘

    리미라에는 급한 경사면이 이어지는 광대한 산 중턱에 하나의 가옥묘가 바람을 맞으며 서 있다. 발 밑은 동굴형의 횡혈식橫穴式 묘로 만들어져 있으며 출입구에 해당하는 정면은 나무를 짜 맞춘 형태를 보여 준다. 이것은 미라와 같은 지역의 군거지처럼 만들어진 마애묘에 가깝다. 전형적인 마애묘로 카우노스의 사례가 이해하기 쉬울 것이다. 작업의 난이도로 따져 보자면 지상으로부터 20m 위의 수직 벼랑 면에 굳이 무덤을 파지 않으면 안 될 이유를 알 수 없지만 아마도 무덤이 훼손되거나 더럽혀지지 않도록 하려는 생각에서 선택된 방식이 아닌가 한다. 테르메수스의 경우에도 시가지 그 자체는 산악지대에 있기 때문에 급한 산의 정상부 가까이에 공공 건축물이 남아 있었으며, 무덤은 더 높은 시가지를 둘러싼 바위산의 수직면에 조각되어 있었다.

    카우노스의 마애묘는 앞에서 말한 카슈 등지의 집 모양과는 다르며, 정면 파사드는 이른바 신전풍이고 용마루 장식이 붙고 처마 끝에는 덴틸*이 붙으며 기둥은 이오니아식의 주두를 지니고 있지만 짜리몽땅하다. 물론 풍화작용으로 인해 그 세부의 마모가 심하지만 인안티스 형식**, 즉 양쪽 벽이 돌출하고 그 사이에 원주 두 개가 서 있다.

이 묘들은 기원전 4세기에 건설되었다. 이 밖에 페티에, 프나라에도 같은 형식의 마애묘가 있지만, 박공지붕과 앞에서 본 집 모양과 같이 기둥·보를 교창식으로 조합한 형식을 답습한 본체가 혼합되어 있다. 이 경우에는 처마의 안쪽면에 해당하는 곳에 수평의 통나무로 화장 서까래가 붙은 예가 많다. 그래서 정면에는 작은 벽이 붙기 때문에 상인방에 해당하는 곳에서 상하 두 단으로 분할된다.

다양한 무덤 형식

동지중해의 동단에 위치한 키프로스 섬의 정북 근방에 있는 코리고스Korigos에는 독립된 신전 형식의 무덤이 있다. 이 무덤들은 내부의 석관과 더불어 로마 시대의 전형적인 건물이다. 기둥은 코린트식이며 전면에 네 개의 기둥이 있다. 말하자면 신을 제사 지내는 장소와 인간을 사후에 장사 지내는 장소가 융합되어 버린 것이다. 거꾸로 얘기하면 신전의 건축 형식이 일반화되고 통속화되었다고 말할 수 있다. 여기서 흥미로운 점은 (기둥의 얘기로 되돌아가는 것이지만) 코린트식의 주두다. 기둥에는 홈이 중간 정도까지만 새겨져 있으며 아래의 반은 원통인 채로 남아 있다. 이러한 모양은 다른 곳에도 종종 볼 수 있으나, 앞에서 얘기한 기둥의 양식구분에서 더 나아가 그것들을 융합하려는 시도가 있었다는 점을 보여 주는 것이다.

---

* dentils. 간격이 좁게 되어 있는 작은 돌조각으로 이오닉, 코린티안, 콤포지트의 코니스를 이루는 한 요소다.
** antis, in. 말 그대로의 뜻은 '그리스 신전의 측벽을 마감하는 벽기둥들 사이'란 뜻. 돌출된 측벽 사이에 기둥들이 서 있는 열주 형식.

코리고스의 신전 형태의 무덤

이 밖에 사당(廟)이라고 불릴 만한 것이 있다. 독립된 건물이며, 무덤 그 자체는 관이고, 관을 넣는 묘실 위에 열주의 지붕을 겹친 것이라고 말할 수 있겠다. 밀라스Milas에 있는 무덤은 정방형 평면이고 네 모서리에는 각주로, 중간의 두 개는 원주로 완전한 코린트식 주두가 놓여 있다. 기둥 사이는 원주가 각주보다 가늘고 길기 때문인지 중앙이 더 크게 보인다. 이곳에서도 기둥에 새겨진 홈은 위쪽 3분의 2까지만 있으며 아래쪽은 평활한 면으로 마무리되어 있다.

2세기 전반에 건설된 것으로 알려져 있으나 지붕은 직선 석재를 쌓아올려서 돔 형태와 유사한, 흔히 말하는 라테르넨데케(사각 틀을 풍차처럼 회전시키며 쌓아 올려가는 방식)*로 구성되어 있다. 보는 방법에 따라서는 사각 평면에

---

* 고구려 쌍영총 등의 천장에서도 발견되며, 평행3각굄천장이라고 불린다.

팔미라의 탑상무덤

원형 돔을 얹는 것보다 오히려 이 방식이 조금 더 조화로운 방식으로 생각될 수 있다.

 탑상묘 중에서도 가장 인상적인 사례는 팔미라에서 발견된다. 사막에 고립된 오아시스의 도시인 팔미라에는 지금은 작은 취락이 유적 근처에 있을 뿐이지만 남아 있는 거대한 탑이 수풀처럼 서 있는 모습을 보면 번영했던 당시의 모습을 엿볼 수 있다. 팔미라에는 이 탑상 무덤과 대조적인 지하의 무덤도 있다. 탑상 무덤은 무덤의 마천루라고 할 수 있다. 이 무덤은 4~5층 정도의 층 구성으로 된 고탑이며 각 층의 네 면에는 또한 서랍장처럼 가로로 긴 관이 위로 쌓여 있다. 현대의 '아파트식 무덤'이 이미 건설되었던 것이다. 각각의 관 전면에는 인물상이 돌로 조각되어 장식문처럼 되어 있다.

 지하의 무덤도 출입구 등에서 차이를 보이지만 묘실에는 차이가 없다. 역시 각 묘실은 건축적으로 마무리되어 관을 위 아래로 겹치게 쌓도록 되어 있다. 탑상묘는 실제로도 건축물로 건조되었기 때문에 벽체는 돌로 쌓고 석재로 기둥 모양을 만들기도 하지만, 지하의 경우에는 기둥과 벽의 역할이 다르게 된다. 그래도 표현에 있어서는 오히려 자유로움을 지니고 있어서인지 천장은 평천장이기도 하고 볼트이기도 하며, 더 나아가서 상부가 장식되어 있기도 하다. 흔히 말하는 착시를 이용한 그림처럼 회화적 표현으로 원근감을 나타낸 것, 코니스의 덴틸에 음영을 가해서 입체감을 나타낸 것 등도 있다. 기둥 모양을 채색한 것도 있었다.

해설

도시의 동경 東經 **좌표**

그리스·로마의 건축은 신전을 중심으로 다루어지는 경우가 많다. 그 가장 큰 이유는 신전 건축에 당시의 문명이 낳은 모든 기술이 응집되어 그 시대의 문화를 대표하게 되었기 때문이며, 그 결과 현존하는 그리스·로마 건축물 중에 가장 수가 많은 것도 신전이라는 점을 간과할 수 없을 것이다.

성역, 혹은 신전이 남아 있는 그리스·로마의 도시 수를 대략 헤아려 보면 1,000곳 가까이 되며, 현재 알려진 장소로 도시 취락의 수는 4,000곳 정도이 므로 4분의1 정도의 신전들이 확인된 셈이다. 흥미로운 점은 신전 다음으로 그 수가 많은 것이 네크로폴리스Nekropolis, 즉 묘지라고 하니 인간은 살아서나 죽어서나 신에게 의지하는 셈이 되는 것이다. 건축물의 개체수로 따져 보면 다음이 목욕탕이라고 하니 로마 도시의 모습이 어떠했는지 어느 정도 상상할 수 있을 것이다.

건축과 건물의 차이는 항상 다시 묻게 되는 문제이며 주택은 그 중심에 위치한다. 당연하게도 주택의 수는 많다. 그러나 수를 헤아리는 어려움을 겪기도 한다. 여기에서 주택은 생략하기로 한다. 이 책에서 다룬 것은 극장, 대로, 문 등으로 이것들은 약 400 곳의 도시에서 그 존재가 확인되었다. 이미 개개의 건축 특성은 이해된 듯하니 이제 이러한 건축을 탄생시킨 배경을 얘기해 보고자 한다.

그리스 건축은 그 역사에서 몇 가지의 특징을 발견할 수 있으며, 이러한 특징을 통해 발전의 역사도 볼 수 있다. 내면적으로는 그리스 문화에서 비롯되기도 한 기원전 4세기 이후 헬레니즘 문화는 어떤 의미에서는 그리스와는 별개의 것이라고 이해되며, 다음에 이어지는 로마의 문화유산도 앞의 두 문화를 그냥 물려받은 것이 아니라 새로운 문명의 소산으로 태어난 것이 분명하다.

 그렇지만 이 책에서 소개한 개개의 건축물을 바라보면 무언가 공통된 점이 발견된다. 결론적으로 말하자면 '기둥의 표정'이 항상 근저에 깔려 있다. 다양한 장식이 덧붙여지고 기둥 자체도 최대의 장식물로 사용된다. 따라서 건축의 용도와 그 형태가 크게 변화한 데 반하여, 기둥에서는 주목할 변화가 오히려 많지 않다고 할 수 있다. 그러나 주두에서 볼 수 있는 장인의 마음 씀씀이는 지금도 많은 매력을 간직하고 있다.

 그러면 우선 건축물의 용도 분류에 따라 그 시대와 지역을 보도록 하자.

 건축물 중에서 용도와 건축 연대가 확실한 것을 골라내 보면 3,000개 정도의 시설이 있다. 용도에 따라 개개의 규모를 무시한 평균 건축년도를 구해 보면 각각 차이가 난다. 통계를 까다롭게 말할 때 편차나 분산을 언급하기도 하지만 여기서는 단순한 평균치를 기준으로 한다.

 예를 들어 불레우테리온의 평균 건설 년대는 기원전 4세기 말이며, 극장

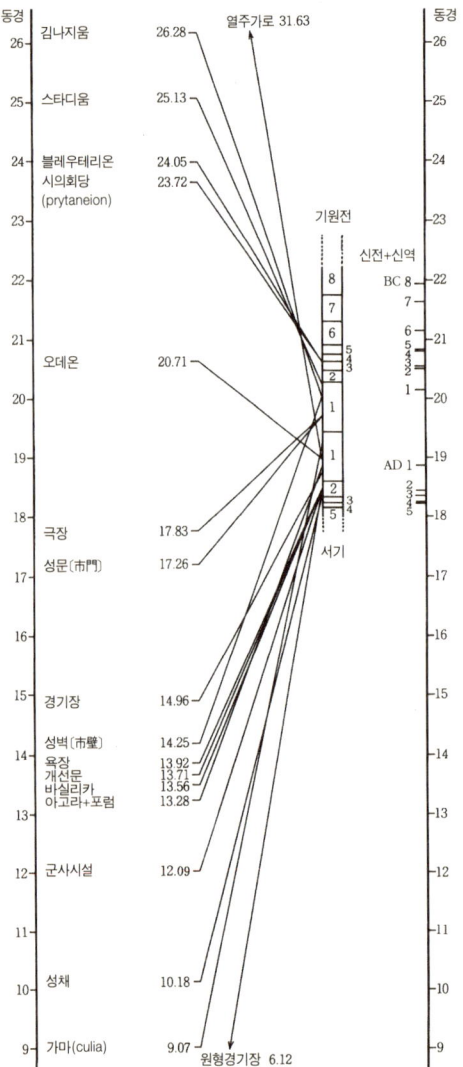

도시와 시설의 건설시기 비교

(출처: 熊本大學環地中海遺跡調査團, 『地中海建築―調査と研究』, 第一卷, 日本學術振興會, 昭和54年)

* 신전 및 신역의 동경은 각각의 세기 이전의 결과에 의해 구함.
* 세기척은 신전 및 신역으로부터 구함.
* 각지 시설명 우측의 숫자는 연대를 판명하는 것뿐으로 평균으로 구한 동경이다.

은 기원전 1세기 말, 개선문은 2세기 초다. 각각의 시설마다 그 입지, 바꾸어 말해 그 건축이 위치하는 도시의 경도 좌표를 평균치로 구해 보면 분포의 중심을 구할 수 있다. 불레우테리온은 북위 38°, 동경 24° 부근이 되고, 극장은 북위 40°, 동경 18° 부근이 된다(132쪽 표 참조).

앞에서 말한 것처럼 대부분의 도시에는 신전이 있었다. 그리고 신전의 경우 각각의 건설 연대는 알기 쉽다. 따라서 도시가 어떤 곳에, 언제 건설되었는지를 신전의 연대로 미루어 짐작해 본다. 각 세기마다 분포의 중심을 구해 보면 재미있게도 시대가 흐름에 따라 그 위치는 서쪽으로 이동한다.

우리들이 그리스·로마의 문화를 더듬어 찾고 있기에 역사적인 문화권의 범위를 생각해 보면 당연한 결과다. 상세하게 비교해 보면 기원전 4, 5세기에 1도 동쪽으로 거꾸로 돌아온다. 이것도 당연한 현상이라고 말할 수 있을지도 모른다. 알렉산더 대왕이 동진한 시기가 기원전 4세기이기 때문에 이 시기에 그때까지보다도 동쪽, 오리엔트 쪽으로 많은 신전이 건설되었다고 생각할 수 있을 것이다. 기원전 8세기 이전이 동경 22° 부근이고 기원전 1세기가 동경 20°보다 조금 동쪽인 점에 비하여 기원후 1세기에는 19°보다 조금 서쪽이므로, 이 좌표로 보자면 이 시기에 가장 서쪽까지 퍼져 있었음을 알 수 있다.

표는 이것과 각 시설의 분포 중심 및 각 시설의 평균 건설 연대를 비교한 것이다. 시대의 흐름과 지역의 대응은 신전으로 대표되는 도시의 분포와 각 시설의 대비로부터도 타당함을 알 수 있을 것이다. 즉 비교적 오래된 시대에 건설된 것은 동쪽에 위치하는 경우가 많고 새로운 시설은 서쪽에 치우친 분포를 보여 준다.

건축을 통해서 체험하는 도시 문화
하나하나의 시설을 보면 시대와 지역을 역전하고 있는 것이 있다. 예를 들면 오데온과 극장이 그렇다. 현재 알려진 바로는 극장이 더 오래되었고 오데온이 새로운 시설이다. 그러나 그 평균 분포는 극장이 더 서쪽에 위치한다. 이러한 경우가 발생하는 이유는 자료라는 제약조건 때문이기도 하지만 오히려 시대의 척도와 지역의 척도가 일치하지 않는 곳에서 각 지역의 도시 특색이 생겨났다라는 지적이 적어도 현재 가지고 있는 자료로부터 옛 일을 관찰하는 솔직한 태도라고 할 수 있을 것이다.

극장이 그리스·로마 도시 전체에 걸쳐 더 보편적으로 존재했던 시설이라 생각할 수 있으며 또한 그 규모 자체가 거대했기 때문에 아주 많은 시간이 지난 뒤에도 그 유적이 남기 쉬웠을 것이다. 로마의 마르체르로 극장은 유명하지만 그 밖의 극장이나 원형투기장, 예를 들면 시칠리아의 카타니아와 아루루의 원형투기장 등은 중세에 접어들어서는 공동주택으로 이용되었다. 용도가 바뀌어 사용됨으로써 건물로써의 극장은 존속되어 온 것이다.

이 책에서는 동지중해 지역에 한정해서 이야기를 해왔기에 고전·고대를 전체적으로 보아서 개략적으로 소개하는 것에 그치지만, 그리스의 식민도시가 시칠리아 섬에 다수 건설된 점이며 동지중해의 제일 동단에 위치했던 페니키아Phoenicia가 서지중해의 아프리카 북쪽 해안을 식민통치하고 뿌리내려서 이후의 로마 문화 형성과 밀접하게 관련된 점을 함께 생각한다면, 통사적 관점에서 한쪽으로 치우친 것임을 부정할 수 없다.

오히려 본문에서 말하고 싶었던 것은 방대한 고전·고대의 역사에서 신전과는 달리 더욱 일상적인 도시 시설이라 여겨지는 극장과 광장이나 도로에 주목함으로써 시대의 기본적 바탕을 이해하고자 했던 것이다. 이러한 의미에서 표의 열주가로 분포가 다른 시설로부터 멀리 떨어져 동쪽에 치우쳐 입지하고 있는 것에 주목하고 싶다.

기둥 그 자체의 모습, 형태는 그리스 건축의 생명이라고도 말할 수 있을 정도로 그리스 문명 자체를 통해 세련되어져 왔다. 세 개의 대표적인 양식을 시작으로, 그 이후의 로마 건축에서도 기둥의 비례를 척도로 한 건축설계의 수법은 다양하게 전개되었다.

그리스의 동측에 위치하며 군사적 영향력뿐만이 아닌 문화, 기술적인 면에서도 항상 영향을 준 페르시아에도, 또한 크레타를 사이에 두고 남쪽에 더 오래된 문화를 완성하고 있었던 이집트에도 기둥은 존재했다. 더 높고 더 굵은 그곳의 기둥은 더 고가의 재료를 이용하여, 혹은 더 많은 노력을 기울여 만들어진 후 가지런히 서 있다.

그러나 고전·고대의 도시 문화가 널리 퍼지는 과정에서 보급된 열주가로는, 결코 페르시아나 이집트의 열주로부터 파생되지 않은 것은 아니라 여겨진다. 고대 문화 중에서 기둥은 아직 독립된 존재는 아니었을 것이다. 이에 비하여 그리스 이후의 기둥은 기둥 그 자체가 건축 언어로서 독립했다고 할 수 있다.

이러한 바탕 위에 비로소 로마 시대 기둥의 사용방법도 생겨났다. 이와 다르게 로마 시대의 기둥은 가령 이집트나 페르시아의 기둥에 필적할 정도로 굵고 컸으며 더 가벼워서 차용의 가능성을 보여 주었다. 그런 의미에서 표현으로서의 기둥은 그리스 건축을 계승함으로써 완성된 것임이 틀림없다.

로마 건축은 그리스 건축과 달리 콘크리트를 발명하여 벽으로 하중을 지탱했다고 하지만 건축의 표정을 보아서는 그 의견에 수긍할 수 없다. 로마의 건축 역시 항상 그 표면을 기둥으로 장식했다고 할 수 있다. 대담한 가설을 제시하면, 기둥이 없어진 시기는 흔히 말하는 고전·고대가 막을 내리고 시대적으로 중세로 접어들기 시작할 무렵부터이며, 동로마 제국이 15세기까지 지속되었다고는 하지만 이미 제국의 서쪽 반이 분리됨에 따라 가까스로 살아남으려고 시도하기 시작하면서부터라고 할 수 있다.

그때 로마 건축에서 벽이 지니는 의미를 다시 음미하게 된 것이다. 동시에 기둥이 나타내는 외관의 비례라는 하나의 중요한 표현 세계에 대하여 비잔틴 문화는 내부 공간의 스케일을 묻기 시작했다고 볼 수 있다. 이스탄불의 성 소피아를 원점으로 규모는 작지만 그 후 천 년 이상의 오랜 세월에 걸쳐서 그리스·로마 건축에서는 볼 수 없는 건축의 표현을 비잔틴 문화가 빚어 온 것이다.

이슬람 문화가 초래한 것
고전·고대를 고찰한 연후의 중요한 실마리는 이슬람 문화다. 동지중해의 그리스·로마 문화는 비잔틴 문화가 결실을 맺기 이전에 이미 이슬람 문화의 세례를 받았다. 고전·고대의 대부분 지역은 이슬람으로 계승되었다고 할 수 있다. 로마제국의 후예들은 간신히 그 중심부인 로마와 콘스탄티노플만을 유지했다고 할 수 있다. 게다가 이 두 곳마저도 그리스·로마 시대에 이교로 간주되었던 기독교로 종교를 바꾸었으며, 이슬람교가 석권한 때에는 아직 그 교의조차 불안정한 시대였다. 그렇다면 근본적인 차원에서 그리스·로마를 계승한 것은 이슬람 세계였다고 해도 과언이 아니다. 이슬람 세력은 유대교도, 기독교도 포괄하며 광범위한 지역에 걸쳐 지배를 굳혀 갔다.
건축에 주목해 보면 이슬람 건축의 대부분은 그리스·로마의 건축 기술을 계승했다. 게다가 더욱 복잡하게도 일찍이 그리스를 위협했던 페르시아, 그리고 정치적으로는 알렉산더에 의해 파괴된 그 지역의 문명이 새롭게 이슬람 세계에 유입되며 통합된 형태로 되살아나게 된다. 건축에서는 두세 개의 커다란 흐름을 발견할 수 있다.

이슬람 문화 아래에서 그리스·로마 건축이 어떻게 변모했는지를 마지막으로 개략적으로 살펴보자. 아라비아 반도의 한 구석에서 일어난 이슬람 문화는 1세기 후에는 지브롤터 해협을 건너서 이베리아 반도의 대부분의 지역에 침투해 버렸다. 동쪽으로도 일찍이 알렉산더 대왕의 동방원정처럼 눈 깜짝할 사이에 인도 지역에 도달했다. 동서 방향의 전파 속도에 비하면 남북 방향의 침투는 늦었다고 할 수 있다.

이러한 와중에 다마스쿠스나 알레포와 같은 시리아의 대도시는 로마 도시에서 이슬람 도시로 그 모습이 변화되었다. 눈에 보이는 현저한 변화는 도시의 기반 시설인 대로, 즉 열주가로의 모습이 바뀐 점이다. 아마도 열주로 둘러싸인 포럼 등의 광장도 마찬가지였을 것이다. 폭이 넓은 열주 사이의 공간은 칸막이로 막혀지고 상점으로 채워져 나갔다. 이를테면 일정한 규칙에 의해 구성된 외부 공간과 내부 공간이 모두 내부 공간화되면서 혼재된 상태가 야기되었던 것이다.

현대 이슬람 제국의 역사적인 가로구획에 남아 있는 혼돈된 상업 공간으로 인해 로마 식민도시의 주요 도로는 변해 갔다. 일찍이 그리스 도시에 있던 자연으로까지도 투과되는 시선, 즉 근본에 있는 자연의 이치를 이해하려는 사상의 표현이라 할 수 있었던 모습이 이슬람 도시에서는 사라져 버렸다고 말할 수 있다. 혹은 로마의 도시 공간을 구성하고 있던 내부적으로 정돈된 단위 공간과 그 연결에 의한 전체 구성, 그러한 공간의 구조도 이슬람 도시에 와서는 명료하게 드러나지 않게 되었다.

이슬람은 그리스나 로마의 문명을 유산으로 받아들이면서도 자신들 고유의 것들을 계속하여 만들어 온 셈이다. 이러한 상황 속에서 그리스 건축이나 로마 건축으로부터 떼어 낸 대리석 기둥이 이슬람 건축에서도 다수 이용되었다. 스페인의 코르도바 Curdoba에서도, 튀니지의 카이라완 Qayrawan에서도 모스크와 기둥의 근원이 동지중해인 사례가 적지 않다고 한다.

많은 기둥이 늘어선 공간이 이슬람의 특색처럼 생각된다. 이것은 그리스의 신전에서 완성되어 일찍이 로마 도시의 많은 공공건축에서 응용된 열주와는 현저하게 다르다.

기둥은 기나긴 여로의 끝에 유럽의 근대 건축에 이르지만 이 건축에서는 전혀 그리스나 로마의 열주를 연상할 수 없다. 아마도 양식으로서의 기둥, 즉 기호로서의 의미만이 계승되었다고 할 수 있다. 이러한 측면에서 이슬람 세계의 기둥이 좀더 고전·고대와 강한 연관성을 가지고 있었다고 할 수 있다.

고전·고대 건축으로의 초대를 굳이 신전이 아니라 극장의 공간과 열주가로부터 시작한 이유는 이러한 기나긴 여로를 밟아 보고 싶었기 때문이다. 고대의 기둥을 본 사람은 셀 수 없이 많을 것이다. 그리고 주두에 집착한 사람의 수도 엄청날 것이다. 일본의 현대 도시를 다녀 보아도 기둥과 주두의 장식은 볼 수 있다. 중동, 동지중해 연안의 모든 나라의 풀숲에서 본 것들은 자신의 생각을 형상화한 것으로, 고전·고대의 당시에도 다양했다. 우리들도 이제부터 새로운 주두를 발견할 때인지도 모르겠다.

연표

연표로 정리해 보면, 기원전 6세기 중엽 동지중해는 격동하는 도시 시대를 맞이했음을 알 수 있다. 그리스의 각 도시는 통합과 연결〔合從連衡〕을 되풀이하고 있었다. 아마도 도시로의 통합이 발생했기 때문에 도시를 단위로 한 그러한 움직임이 나타났을 것이다. 또한 하나의 도시가 비대해지는 것이 아니라 도시의 존재가 그 주변 비도시의 토지이용을 전제로 하여 가능했기 때문에 도시 단위의 연결이 추구되었던 것이다. 이 점이 동양의 거대도시와 전혀 다른 것처럼 보인다.

   소아시아는 페르시아의 패권 아래에 있었다. 아테네는 왕정에서 바야흐로 민주정으로 바뀌고 도시 문화의 꽃이 피기 시작했으며, 신화적 시기이기는 하지만 로마 시가 설립되었다.

   페르시아군은 제1차에서 제2차까지 이오니아 해안가로 그리스를 침공했으나 제3차 때는 사르디스에서 출발하였다. 그 사르디스에는 신전도 남아 있으며 현재는 체육관도 복원되어 있다.

   격자형의 가로로 유명한 밀레투스는 그 무렵에 건설되었다. 기원전 5세기의 일이다. 이 격자형의 가로는 오리엔트의 거대국가에서 보이는 도시 영역 배치와의 관련이 있음을 생각하지 않으면 안 된다.

   페르시아의 압력을 배제할 수 있었던 그리스 본토를 보면 기원전 432년에 아테네의 파르테논 신전의 완성에서부터 밀레투스의 아폴론 신전, 프리에네의 아테네 신전이 완성된 기원전 340년까지의 100년의 기간이 소아시아를 사이에 둔 에게 해가 최고의 전성기였다고 할 수 있다. 소아시아에서는 아소스 도시의 성벽이나 성문, 카우노스의 마애묘 등 그리스의 건축 문화와는 조금 다른 느낌의 건축적 양상이 동쪽으로 확산되고 있었지만, 바로 그 시기에 알렉산더 대왕이 태어나고 기원전 330년에 제국이 성립되었다. 페르가몬은 대왕에게 공격받았으나 대왕의 사후에 일시적으로 세레우코스의 지배하에 있었지만 기원전 318년에는 독립하였으며, 최대의 번영을 이룩한 로마의 지배하에 들어가는 133년까지 저 빛나는 건축군, 도시 경관을 만들어 냈다.

312년에 아피아 가도Via Appia를 건설한 로마는 기원전 264년부터 기원전 146년까지 걸린 포에니 전쟁을 이겨내고 카르타고를 멸망시켰으며, 그 모국이었던 동지중해의 레바논과 시리아 땅으로 세력을 확장해 갔다. 그리스가 로마령이 된 것은 기원전 102년이며 니코메디아는 기원전 74년에 로마령이 된다. 프리에네의 불레우테리온과 극장, 밀레투스의 불레우테리온, 혹은 아테네의 아탈로스 스토아는 이 기간에 만들어졌다.

로마의 제정이 확립되고 예수의 탄생을 맞이할 무렵에 리키아가 로마령이 되었다. 기원후 43년의 일이다. 로마의 콜로세움이 완성될 무렵에 에페소스의 대극장도 완성되었다. 로마의 판테온이 완성될 무렵에 아에자니의 극장과 스타디움이 완성되었다.

다마스쿠스와 보스라가 로마령이 될 무렵 시대, 아스펜도스, 페르게의 극장 등이 계속하여 만들어지고 도시 환경이 정비되었다. 게라사의 님파이움(님프 신전)이 완성된 것도 이 무렵이다. 그러한 의미에서 동시대적으로 로마의 대규모 공공건축이 속출하였다.

팔미라의 여왕 제노비아가 로마에 항복한 것은 3세기 후반에 접어든 직후이지만, 그 세기의 전반에 팔미라는 기념문을 만들었다. 로마의 카라칼라 Caracalla 욕장이나 로마의 서측에 지금도 서 있는 세프티미우스 세베루스의 기념문이 완성된 것도 거의 같은 시기이다. 로마의 디오크레티아누스의 욕장과 별장이 유고슬라비아의 스프리트에 완성된 것은 4세기 초다. 4세기 말에는 기독교가 국교가 되고 최후의 고대 올림피아 경기가 거행되었으며 동서로마는 분열되었다.

5세기 후반에 접어들면 서로마제국이 멸망한다. 동지중해의 도시 경관에도 기독교 건축이 새로이 나타나기 시작한다. 성 소피아가 537년에 만들어지고 그 무렵에 레사파의 성문이 완성되었다. 그 당시의 황제는 유스티아누스였는데, 당시의 예루살렘 일대를 묘사한 모자이크가 요르단의 사해 가까이에 위치한 마다바 Madaba에 남아 있다. 로마 도시의 특징인 열주가로가 훌륭하게 도상화되어 있다. 그래서 본문에 소개한 아인자르는 전형적인 로마 식민도시의 모양을 나타내고 있지만 8세기 초에 이미 동지중해 세계는 이슬람

교의 영향하에 있던 시대이기 때문에 시대의 변화와 형상에 의해 나타나는 문화 변화의 차이를 보여 준다.

   도시 풍경은 도시의 형성에서부터 시작하여 시대가 바뀌어도 그 편린은 유산으로 남아 있어서 지금도 유산을 보는 우리들에게 지난날을 되돌아보게 한다.

| 기원전 (BC) |

683	아테네에서 왕정 폐지		
600년경	로마 시 성립? (509 로마 건국?)	670~548	페르시아의 사르디스를 수도로 하는 리디아 왕국
550	스파르타·펠로폰네소스 동맹	6C 후반	아소스 아테네 신전의 주두
545	소아시아 페르시아 패권 아래 있음		
500	이오니아 식민도시 페르시아에 반란	5C	밀레투스의 도시계획
492	페르시아 전쟁		에페소스 아르테미스 신전
480	살라미스 해전		480년 제3차 페르시아군의 그리스 침공은 사르디스에서 출발함
477	델로스 동맹		
			450년경의 소아시아는 이리온(트로야) 아마탄도로스, 테오스, 에페소스, 밀레투스, 하리카르나소스 등 아테네에 종속하고 있었다. 그러나 페르가몬, 사르디스는 페르시아의 지배 아래 있음
443	페리클레스, 장군으로 선출		
		432	파르테논 완성
		427~424	니케 아프테로스 신전
431~404	펠로폰네소스 전쟁	420년경	바사에 아폴로 신전
		405	에렉티온
		BC 4C	리키아 시대 카우노스의 마애묘, 아소스 성벽과 성문, 리미라 석관, 카슈의 리키아 풍 석관, 미라의 마애묘, 크산토스, 아크로폴리스의 주상묘
387년경	플라톤, 아카데미아		
356	알렉산더 탄생~323	BC 4C 중엽	메갈로폴리스 테르세리온 BC 4C 후반
		350	밀레투스의 아폴론 신전, 에피다우로스 극장
		350년경	프리에네의 도시계획
347	플라톤 사망	340	프리에네의 아테나 신전
335	아리스토텔레스, 류케이온		
		334	알렉산더 페르가몬 공략
320	알렉산더 제국	330~320	알렉산더 석관
312	아피아 가도街道 건설 시리아에 세레우코스 왕조	BC 4C 후반	에피다우로스 BC 2C에 확장
305	이집트에 프토레마이우스 왕조		

		BC 3C	페르가몬 디오니소스 신전과 극장
272	로마군 이탈리아 정복		
264	제1차 포에니 전쟁		
218	제2차 포에니 전쟁	218	페르가몬의 독립 133년에 로마령
212	아르키메데스 시라쿠사에서 살해	BC 3C~2C	디디마 아폴로 신전
		200년경	프리에네 불레우테리온
		2C	프리에네 극장, 미라스 무덤
168	피도나의 싸움		
	로마세력 동방으로		
		160년경	밀레투스 불레우테리온
		150년경	프리에네 불레우테리온
146	카르타고 멸망	140년경	아탈로스의 스토아
	코린트, 로마에 멸망되다	BC 2C	페르가몬 김나지움
	마케도니아, 로마 속주화		
		133	페르가몬 로마령화 터키 서안 대부분
127년경	그리스, 로마 속주화		
102	키리키아 로마령		
			판피리아 (로마)령
		74	니코메디아 로마령화
46	카이사르(시저) 독재		
30	프토레마이우스 왕소 멸망		
27	옥타비아누스 제정~서기 14		테르메소스 극장

서기 (AD)

4년경	예수 탄생		
6	유대 로마 속주		
14	티베리우스 황제		
30년경	그리스도 십자가	43	리키아 로마령화
54	네로 황제 즉위		
		72~80	로마, 콜로세움
클라우디우스 (41~54)			에페소스 극장
79	폼페이 매몰, 폼페이의 유적이 발굴된 것은 1748		
			게라사의 극장

도미티아누스(서기81~96) 시대
슈리만이 트로이, 미케네를 발굴하기 시작한 것이 1871, 1879, 에반스가 크노소스궁전을 발굴하기 시작한 것이 1900

		2C	시데 극장, 아스펜도스 극장, 에페소스, 불레우테리온, 아파메아 건설
		105	다마스쿠스, 보스라 로마령 파르미라의 탑상묘
106	트라야누스 황제 루마니아 정복	114	에페소스 트라야누스의 님파이움
117	아시리아 로마 속주 屬州	117~138	아에자니 극장과 스타디움, 안탈리아 성문

로마 시대 하드리아누스?(117~138)
아프로디시아스의 스타디움, 오디온, 에페소스, 하드리아누스 신전, 케르스스 도서관 110~135

		120년경	로마 판테온
			페르가몬의 위쪽 도시
			이 무렵 바알베크의 비너스 신전
		150	에페소스 베디우스 김나지움의 화장실
166	마르쿠스 아우렐리우스 중국 사절		
180	콘모두스 황제		
		191	게라사의 님파이움
		2C 후반	페르게 극장, 니사 불레우테리온, 보스라 극장
		203	셉티미우스 세베루스의 기념문(포로로마노의 서쪽문)
		211	카라칼라 욕장
217	카라칼라 황제 암살		
		220	팔미라 기념문
		3C 중엽	페트라, 파라오 보고
		273	팔미라, 로마 속령
284	디오크레티아누스 황제 전제정치		
287	동서 분열		

기원전 248년경부터 226년 사산 왕조 페르시아로 파르티아 왕국에서 로마의 동진 저지되다

		302	디오클레티아누스 욕장
		305	스프리토(디오클레티아누스의 별장)
313	콘스탄티누스 황제 기독교 공인		
325	니케아 회의		
330	비잔티움, 콘스탄티노폴리스로 개명		
332	유리아누스 황제		
391	테오도시우스 대제		

394	최후의 고대 올림피아 경기		
395	로마제국 동서분열	에페소스 아르카디아네	
	비잔틴제국 성립	(395~408)	

476	서로마제국 멸망	**479~490**	산시메온
			카라트 세먼 팔각당
		5C 말	알라한 모나스티르

527	유스티아누스 황제 (~565)	**530년경**	레사파 성문
		537	성 소피아
		아마다, 유스티아누스 시대의 모자이크	
		(예루살렘 시가지)	
		아인자르(714~715)의 대로	

참고문헌

1. 熊本大學環地中海遺跡調査團, 地中海建築 全三卷, 日本學術振興會, 昭和五十四年 三月.
   본서에서 소개한 사진은 거의 전부가 이 조사를 할 때 촬영한 것이며, 그 이외의 건축에 관한 많은 사진의 해석 및 논문이 모아져있다. 또한 제1권 권말의 고대 도시명 리스트는 혼동하기 쉬운 지명을 알기에 적당하며 위치하는 현대 국가명과 함께 위도, 경도가 표시되고 별칭도 병기되어 있다.
2. Ekrem Akurgal, *Ancient Civilizations and Ruins of Turkey*, Turk Tarik Kurumu Basrmeri, Ankara, 1970.
   터키의 고전·고대 문화의 유적은 현재 이슬람교화 되어 있는 만큼 해설이 좋은 것이 적은 중에서 이 책은 매우 훌륭한 안내서이다. 사진 이외에 지도, 도면도 풍부하게 수록되어 있으며 내용도 학술적 가치가 높다. 전문용어를 제외하면 고교생의 영어실력으로 충분히 읽을 수 있다.
3. Margaute Bieber, *The History of the Greek and Roman Theater*, Princeton Univ. Press, 1971.
   1939년 초판을 시작으로 1971년 제4판까지 반세기 이상에 걸쳐서 출판된 것은 그리스·로마 극장 건축뿐만이 아니라 내용에 있어서도 풍부한 사진과 지도가 있기 때문이다. 극장에 관해서 알고 싶은 사람에게 읽어볼 것을 권한다. 역시 간단한 영문이다.
4. Richard Stillwell, *The Princeton Encyclopedia of Classical Sites*, Princeton Univ. Press, 1976.
   그리스·로마의 고전·고대 도시마다 그곳의 간략한 역사와 유적에 있는 건축물에 대하여 상세하다. 지금으로서는 한권으로 고전·고대의 도시 건축에 관하여 이것 이상으로 편리한 책을 나는 알지 못한다.
5. 桐敷眞次郎(編著), 『パラーディオ<建築四書>註解, 中央公論美術出版』, 1986.
   팔라디오는 16세기의 사람이다. 이 책은 1570년 간행본의 완전한 번역이지만 주석이 훌륭하다. 원래 비트루비우스의 『건축십서』가 로마시대에 씌어졌으나 르네상스가 되어 고전건축에 대한 관심과 함께 많은 건축서가 씌어졌다. 그중에서도 가장 주목할 가치가 있는 것이 팔라디오의 『건축사서』이다. 더우이 그 후의 연구 성과에 의해 원저(原著)의 실수도 수정한 이 책은 훌륭하다. 이 책의 색인을 통하여 해설을 이용하면 고전 건축의 사전에 견줄 만하다.
6. Vincent Scully, *The Earth the Temple and Gods*, Yale Univ. Press, 1963.
   저명한 건축사가, 건축평론가 스컬리가 그리스 신전에 관하여 그 건립의 정신적 배경에서부터 실제의 대지 선정, 신전의 형태까지 상세하게 설명한다. 새로운 시점에서 여러 지역의 그리스 문화이전부터의 신들과의 치환을 포함한 웅장하고 거대한 구상(構想)을 일반에게 널리 알리고 있다. 인간과 자연의 만남이라고도 할 수 있는 신전의 역사는 그리스·로마 문화의 근본을 알려준다.
7. Roland Martin, *L' Urbanisme dans la Grec Antique*, Editions A. & J. Picard, 1974.
   그리스·로마의 도시 역사를 현재의 사진, 지도, 복원도를 넣어서 폭넓게 소개하고 있다. 특히 각지의 복원모형 사진은 당시의 정경을 상상하는데 상당한 도움이 된다. 붙어있기 때문에 다소 깊은 맛이 없을 지도 모르겠다.

지은이 　기지마 야스후미　木島安史

　　　　　1937년 황해도 해주 출생
　　　　　건축가, 구마모토熊本 대학 교수
　　　　　주요 작품으로 수리암壽狸庵, 가미무다마쓰오 신사上無田松
　　　　　尾神社, 시라카와白川공원, The White House, La Mancha의
　　　　　집, 구센도 삼림관(球泉洞森林館, 일본건축학회상) 등이 있으
　　　　　며, 지은 책으로 『반半과거의 건축으로부터』, 『내재된 코스모
　　　　　폴리탄』, 『건축의 배경』 등이 있다.

옮긴이 　강영기

　　　　　서울시립대학교 공과대학 건축공학과 졸업
　　　　　동 대학원 건축계획 전공
　　　　　(주)시감엔지니어링도시건축사사무소 근무 중
　　　　　한국의 재발견 우리궁궐지킴이(경복궁) 활동 중

감수 　우영선

　　　　　서울시립대학교 건축공학과 졸업, 동 대학원 박사과정 수료
　　　　　서울산업대, 삼척산업대 강사
　　　　　옮긴 책으로 『파울로 솔레리와 미래 도시』가 있다.

세계건축산책 6
고대 건축 _ 동지중해의 고대 도시 속으로

지은이 | 기지마 야스후미
옮긴이 | 강영기
펴낸이 | 최미화
펴낸곳 | 도서출판 르네상스

초판 1쇄 인쇄 | 2005년 7월 29일
초판 1쇄 펴냄 | 2005년 8월 5일

주소 | 121-801 서울시 마포구 공덕1동 105-225
전화 | 02-3273-5943(편집), 02-3273-5945(영업)
팩스 | 02-3273-5919
메일 | re411@hanmail.net
등록 | 2002년 4월 11일, 제13-760

ISBN 89-90828-23-6 04610
        89-90828-17-1 (세트)

* 잘못된 책은 바꿔 드립니다.